anders!

Mark Poppenborg
Wir führen anders!

Mark Poppenborg

Wir führen anders!
24½ befreiende Impulse für Manager

Alte Bande

Prolog

Es ist 13:29 Uhr am 30. August 2010, als ich endlich die Reißleine ziehe und auf „Senden" klicke: Die E-Mail mit meiner Kündigung ist unterwegs.

In den sechs Monaten zuvor waren die Wochenenden mein Refugium. Die vorübergehende Befreiung von den Fesseln der Arbeit. Meine Flucht aus der Wirkungslosigkeit. Aber auch die Leugnung der Wahrheit.

Sonntagmittags schnürte sich mein Magen zusammen. Meine Hände fingen an zu schwitzen. Immer wenn mich vom Montagmorgen nur noch eine Mahlzeit trennte, meldete sich die Biologie mit verblüffender Zuverlässigkeit zurück und spiegelte mir meine Ängste wider. Mein Körper übernahm das Kommando: Kopfschmerzen, Anspannung, Schweißattacken. „Du musst hier raus! So geht es nicht weiter. Freiheit!"

An sich war mein damaliger Arbeitgeber großartig. Tolle Kollegen, weitsichtige Chefs, etabliert am Markt – eigentlich ein Traumunternehmen. Doch die Finanzkrise hatte uns in Gefälligkeitsprojekte gedrängt, die an Wirkungslosigkeit kaum zu übertreffen waren. Wir waren nicht mehr erfolgreich, wir überlebten nur noch. Für mich war klar: Hier bin ich falsch.

Von Happy Working People ...

Ich merkte, dass ich mit meinem Frust in guter Gesellschaft war. Sobald ich mich öffnete, offenbarten auch Wildfremde mir ihr Leid. Viele fühlten sich falsch. Sehr viele. Zunehmend beschlich mich die Frage: Geht überhaupt jemand gerne zur Arbeit?

Oder sind es vielleicht gar nicht wir, die falsch sind, sondern das System? Ist unsere Arbeitswelt defekt?

Ja, das war's! Die Arbeitswelt hängt schief.

Was uns zurück hält, ist die alte Bande. Es ist die traditionelle Lehre der Unternehmensführung. Ein Management, das vom industriellen Zeitalter und vom Taylorismus geprägt ist. Manager, die nur Anweisung und Kontrolle kennen. Die Beton-Tayloristen sind das Problem. Von diesem alten Band der alten Bande müssen wir uns losreißen.

Mein damaliges Narrativ stand damit fest: Neu gegen Alt! Richtig gegen Falsch!

Das gab mir Sicherheit. Ich kannte sowohl den Feind als auch meinen Auftrag: „Du sorgst für mehr selbstbestimmte und sinngetriebene Arbeit". Für mich, einen damals 28-jährigen naiven Romantiker, ein gefundenes Fressen.

Ich gründete zusammen mit Lars Vollmer – mein vorheriger Chef und heute einer meiner engsten Freunde und mein unternehmerischer Kompagnon – intrinsify, damals eine Bewegung für mehr selbstbestimmte und sinngetriebene Arbeit. Wir wollten der Welt erklären, wie sie auszusehen hat. Unser Ziel und Claim: happy working people.

... zu Future Leadership

Zur richtigen Zeit am richtigen Ort nahm das Unterfangen schnell Fahrt auf, und wir wuchsen zu einer in der New-Work-Szene nicht ganz unbekannten Marke. Die Botschaft war so einfach wie verlockend: „Bist du auf unserer Seite, gehörst du dazu. Sonst geh' uns aus dem Weg."

Die Euphorie bekam bald zwei Dämpfer.

Erstens zahlt für gute Absichten niemand Preise, sondern nur Mitgliedsbeiträge. Wir hatten zwar Anhänger, aber keine Kunden. Der Nutzen, den wir stifteten, war ideologischer Natur. Wir verbesserten sonst nichts. Gemeinsam leidet es sich zwar leichter, an der Ursache des Leids ändert das aber nichts. Wir waren eine Sinngemeinschaft, aber kein Unternehmen.

Zweitens ergriff uns allmählich der Verstand, als sich der Nebel der Euphorie gelichtet hatte. Wir fingen an, uns systematischer mit den Ursachen auseinanderzusetzen, die das Arbeitsleid auslösen.

Über die Begegnung mit Dr. Gerhard Wohland, der sich allmählich zu einem Mentor und schließlich Freund entwickelte, fand ich zu den Arbeiten des Soziologen Niklas Luhmann und damit zur „Neuen Systemtheorie". Auf deren Basis bauten wir das auf, was wir heute „Future Leadership" nennen. Nach drei Jahren war intrinsify erwachsen geworden.

Der Anspruch hatte sich kaum geändert: Mehr Freiheit durch Fortschritt. An die Stelle der Ideologie trat jedoch die Aufklärung. Ich habe gelernt, dass Gut und Schlecht Kategorien sind, die echter Erkenntnis im Wege stehen. Doch gerade an dieser waren wir brennend interessiert.

So studierten, begleiteten und berieten wir immer mehr Unternehmen, bauten unser theoretisches Fundament weiter aus und gründeten neben der Beratung auch eine Akademie.

Mittlerweile wussten wir: Das traditionelle Management-Verständnis braucht eine Ergänzung. Es ist nicht grundsätzlich obsolet, es reicht nur nicht mehr aus. In den meisten Unternehmen erlebe ich viel Beschäftigung, aber wenig echte Arbeit. Dieses Missverhältnis frustriert Menschen. Aber es gibt Lösungen. Diese heißen jedoch nicht Change Management, Agile Transformation oder Digitalisierung.

Inzwischen haben wir über 1.500 Führungskräfte und Berater ausgebildet, dutzende Unternehmen zu mehr Wirksamkeit verholfen und eine Community aufgebaut, die selbst von sich behauptet: Wir führen anders!

Einige von ihnen siehst du, wenn du vorne und hinten den Buchdeckel aufklappst.

Kein Zurück!

Future Leadership ist keine Blaupause, kein Rezept für mehr Erfolg in zehn Schritten. In erster Linie ist es eine Art zu denken, die mit vielen Konventionen klassischen Managements bricht. Eine Art zu denken, die sich hinter den Erfolgen jedes Höchstleistungsunternehmens wiederentdecken lässt. Eine Art zu denken, wie sie auch in meinen Texten auf dem intrinsify-Blog in den letzten Jahren Gestalt angenommen hat. Eine Auswahl dieser Texte sind die Basis für dieses Buch. Und als Ausdruck der Weiterentwicklung habe ich so manchen dieser Texte überarbeitet und kommentiert.

Eine Art zu denken, ist wie ein Sport, den du erlernst. Du wirst nicht von heute auf morgen zum Surfer oder Tennisspieler. Du erschließt dir eine Sportart über viele Impulse. Manchmal musst du den gleichen Gedanken dreiundzwanzigmal gehört haben, bis es beim vierundzwanzigsten Mal Klick macht und du plötzlich mit anderen Augen auf die Welt schaust.

Dies gilt auch für Future Leadership. Viele unserer Kunden und Mandanten beschreiben den zum Teil kontraintuitiven Werkzeugkasten moderner Unternehmensführung als Puzzle. Erst wenn viele Teile zusammenfinden, erkennst du plötzlich ein klares Bild.

Von da an gibt es kein Zurück mehr.

Dann bist du angesteckt.

Dann führst du anders.

Anders sehen

Teil 1: Impulse 1 - 8

1 Totalschaden

Wie du New Work zielsicher vor die Wand fährst

Wenn wir bei intrinsify von größeren Unternehmen angesprochen werden, weil sie bei der Einführung von New Work Maßnahmen nach Unterstützung suchen, dann treten wir zunächst ein paar Schritte zurück und versuchen das Problem herauszuarbeiten, das damit gelöst werden soll. Dabei stellt sich häufig heraus, dass es kein wirkliches Problem gibt oder New Work die existierenden Probleme gar nicht adressieren oder gar verschlimmern dürfte.

Gelegentlich, wenn meinem Gegenüber und mir danach zu sein scheint, erlaube ich mir auch schon mal eine andere Taktik: eine Überzeichnung der weit verbreiteten, aber zum Scheitern verurteilten Maßnahmen. Manchmal hilft dieser Weg, um Denksackgassen frühzeitig zu versperren und somit Ressourcen auf aussichtsreichere Vorhaben zu bündeln.

Ein paar dieser Absurditäten habe ich gesammelt. Vielleicht können sie dir als kleiner Fundus für eine Argumentation im eigenen Haus dienen. Oder sie unterhalten einfach ein wenig. Nur du kannst beurteilen, ob sie im konkreten Einzelfall konstruktiv irritieren, wirkungslos unterhalten oder gar destruktiv belächeln. Natürlich haben diese Überzeichnungen auch das Potential zu kränken oder Abwehrreaktionen hervorzurufen. All das liegt mir fern. Jedenfalls lässt sich mit den folgenden sieben Möglichkeiten so ziemlich jedes New-Work-Vorhaben zielsicher vor die Wand fahren.

1. Startet ein Change-Projekt

Grundsätzlich empfiehlt sich immer die Gründung eines professionell wirkenden mehrphasigen Change-Projektes. Für solche sind nämlich insbesondere gewachsene Unternehmen schon bestens vorbereitet. Sie wissen: Wann immer ein Change-Projekt startet, gilt es schauspielerische Höchstleistung abzurufen.

Je besser die Folien, je glattpolierter die Sprache, je erwartbarer der Projektplan, desto wahrscheinlicher ist die Wirkungslosigkeit. Ohne dass die ersten Klebekärtchen-Workshops überhaupt einberufen wurden, wird bereits das gesamte kulturelle Belächelungsarsenal in Alarmbereitschaft versetzt.

Sobald es losgeht, steht dann das Business-Theater-Ensemble Gewehr bei Fuß, um das gut eingeübte Change-Theater-Stück aufzuführen.

Dieses verfolgt nur einen einzigen Zweck: Allen Verantwortlichen den Schein der Beteiligung zu vermitteln, während die echte Arbeit im Hintergrund möglichst ungestört fortgesetzt werden kann. So erzeugt das New-Work-Projekt mit an Sicherheit grenzender Wahrscheinlichkeit minimale Wirkung. Mit etwas Glück schadet es gar.

2. Übergebt das Projekt an eine Stabs- abteilung, idealerweise an HR

Ungemein hilfreich, wenn man mit New Work einen Totalschaden erleiden will, ist die Übergabe des Vorhabens an eine Stabsabteilung, idealerweise an HR: „Könnt ihr euch mal mit der Zukunft der Arbeit beschäftigen? Wir müssen da mal was tun. Wenn ihr was erarbeitet habt, legt uns das mal vor (bitte)."

Der Clou versteckt sich in der impliziten Aussage: „Wir haben Wichtigeres zu tun. Lasst die Personaler ran, denn die kümmern sich doch sowieso schon um die Sozialhygiene hier im Laden."

Einfacher kann man es sich nicht machen. Die ganze Organisation weiß nun: „Entwarnung. Sie meinen es nicht ernst."

3. Keine Freiwilligkeit

Freiwilligkeit ist Gift, wenn man mit New Work scheitern will. Freiwilligkeit könnte Motivation sichtbar machen. Wer das Gegenteil fördern will, verpflichtet zur Teilnahme.

Der Kniff: Wenn Mitarbeiter gezwungen werden, kann man nicht mehr zwischen Motivation und Pflichterfüllung unterscheiden. Das Desinteresse wird kaschiert, die Konformitätswahrscheinlichkeit erhöht. Das sind exzellente Zutaten zur Demotivation der Belegschaft und damit zum Scheitern von New Work.

Die besonders Gewitzten setzen nicht nur auf die Pflichtteilnahme, sondern gleich auf die Pseudo-Freiwilligkeit.

Das geht so: Ein Manager mit möglichst großer formaler Macht fragt in einem symbolisch aufgeladenen Akt, ob die auserwählten Mitarbeiter Interesse an diesem sehr wichtigen Projekt hätten. Danach lässt sich der Manager nie wieder blicken. Diese Taktik ist eines der besten Zynismusbeförderungsprogramme, die Unternehmen bisher hervorgebracht haben.

4. Startet mit Belanglosigkeiten

Relevanz ist ein Attribut, das nur solchen Projekten vorbehalten bleibt, die ein drängendes Problem des Unternehmens adressieren, das auch die Geschäftsführung nachts schlecht schlafen lässt.

Idealerweise meidet man also echte Probleme und jeden Bezug zur Wertschöpfung und konzentriert die Energie zunächst auf Belanglosigkeiten. Nennt man diese noch „Pilot", ist der Schwindel amtlich und somit besonders rufschädigend.

Ihr könntet beispielsweise das Entscheidungsverfahren des systemischen Konsensierens nutzen, um eine neue Kaffeemaschine anzuschaffen und dabei von Zukunft der Arbeit sprechen.

Anschließend führt ihr eine anonyme Umfrage durch, bei der ihr die Mitarbeiter danach fragt, was ihren Büroalltag angenehmer machen würde. Damit schlagt ihr gleich drei Fliegen mit einer Klappe:

Erstens fühlen sich die Mitarbeiter zu Kindern degradiert, denen die Unmündigkeit untergejubelt wird: „Wir wissen, dass euch das Rückgrat fehlt, zu eurer Meinung zu stehen."

Zweitens erzeugt ihr eine unerfüllbare Erwartungshaltung. Die Wunscherfüllung schießt entweder über das Ziel hinaus oder bleibt unadressiert und damit ignoriert.

Und drittens habt ihr die gesamte Verantwortung für alle weiteren Schritte auf euch geladen.

Ihr könnt sogar noch einen draufsetzen: Führt nach der Befragung einen Workshop durch, bei dem die Ergebnisse der Umfrage so präsentiert werden, als würden sie ganz zufällig in die Action Fields passen, aus denen eure New-Work-Landkarte besteht. Dass dies gewollt ist, fällt natürlich auf und schadet damit zuverlässig dem Vertrauen.

Abrunden tut ihr den Workshop durch einen Besuch der Geschäftsführung, die sich früher als geplant mit den Worten verabschiedet: „Tolle Arbeit, ihr Lieben, wir nehmen das mal mit."

5. Führt Mindset-Workshops durch

Nichts fördert die Demotivation in einem Unternehmen mehr als suggeriert zu bekommen, dass man selbst das fehlerhafte Teil im Getriebe sei. Mindset-Workshops tun das auf besonders subtile Art und Weise.

Ihre weiße Weste entwaffnet argumentativ, sodass man nur noch spürt, dass irgendwas nicht stimmt. Ohne dass es je ausgesprochen werden muss, schwingt immer die Aussage mit: „Du bist nicht in Ordnung wie du bist. Wenn du deine Haltung ändertest, wärst du ein besserer Mitarbeiter. Und Mensch."

Nach solchen Erlebnissen suchen Mitarbeiter zuverlässig die Flucht in die echte Arbeit. Dort haben sie in aller Regel Kollegen, denen sie vertrauen und mit denen sie sich wirksam fühlen können. Das Interesse an New Work kann man so rechtzeitig sabotieren.

Sollte dieser Plan wider Erwarten schief gehen und die Mitarbeiter sich für den pseudo-freiwilligen Seelenstriptease begeistern, besteht jedoch kein Grund zur Beunruhigung.

Nachdem das Unternehmen die Privatsphäre erfolgreich gebrochen und sich die Workshop-Teilnehmer auf das erstrebenswerte Mindset, gepaart mit den neuen New-Work-Werten, geeinigt haben, folgt die Enttäuschung auf den Fuß.

Nur wenige Tage bis Wochen, nachdem die unterschriebenen Plakate mit den New-Work-Werten ausgehangen wurden, wird die unüberwindbare Kluft zwischen der proklamierten und der gegenwärtigen Kultur zur Zumutung.

Aus Peinlichkeit schiebt man sich bei dem Besuch von Partnern und Bewerbern ab sofort zwischen das Plakat und die Person, um die Sicht darauf zu versperren. Wo immer es möglich ist, werden die Plakate überhangen oder aus Versehen beschädigt. Spätestens jetzt ist der Workshop nachträglich ad absurdum geführt worden. Mit leichtem Verzug ist das Ziel also erreicht: New Work ist tot.

6. Nennt das Kind unbedingt New Work

Ich bleibe hier ganz bewusst konsequent bei dem New-Work-Begriff. Denn New Work vergaloppiert sich zunehmend zum zahnlosen Humanisierungsappell. Um die Wahrscheinlichkeit für das Scheitern zu erhöhen, ist es also höchst ratsam, Begriffe zu nutzen, die im Unternehmen die Assoziation der belanglosen Mode-Erscheinung und Glücksbewirtschaftung auslösen. Mit „New Work" dürfte das gelingen.

7. Und schließlich: One size fits all

Sorgt dafür, dass ihr von Beginn an undifferenziert für alles werbt, was gerade hoch im Kurs steht. Im ganzen Unternehmen sollten cross-funktionale Teams eingerichtet werden. Home-Office-Regelungen sollten auch dort ausgerufen werden, wo sie der Arbeit eher schaden und man sie deshalb ohnehin nicht wahrnehmen würde.

Wenn ihr nicht nur wirkungslos bleiben, sondern aktiv Schaden anrichten möchtet, dann werbt vehement für die Abschaffung der Führungskräfte und fordert die konsequente Einführung agiler Methoden nach Lehrbuch.

Von New Work dürfte dann schon ganz bald nicht viel mehr übrig bleiben als eine spöttisch erinnerte Narbe im Unternehmensgedächtnis.

2 Project Oxygen

Was macht eine Führungskraft zu einer guten Führungskraft?

Eine beliebte Frage. Eine verführerische Frage. Eine Frage, die Personalbeurteilung und -entwicklung nicht nur prägt, sondern überhaupt erst rechtfertigt. Aber eine falsche Frage, wie ich finde.

„Do Managers Matter?" Mit diesem Titel leiteten drei Wissenschaftler der Harvard Business School eine vor acht Jahren veröffentlichte Studie des sogenannten Project Oxygen ein (https://mpborg.com/oxygen). Dabei handelte es sich um ein Google Projekt, das Anfang der 2000er initiiert wurde, um die Bedeutung von Managern zu untersuchen. Einigen Quellen zufolge wollte man zunächst belegen, dass Führungskräfte obsolet sind. Heraus kam jedoch das Gegenteil.

Und nicht nur das: Das Projekt mündete schließlich in acht erstrebenswerten Eigenschaften, die jede gute Führungskraft in sich vereinen sollte.

Inzwischen baut die gesamte Arbeit des „People Operations Team" auf Oxygen auf. Heute werden Führungskräfte hinsichtlich dieser Eigenschaften beurteilt und entwickelt. Die vielen Artikel, Studien und Insiderberichte lassen sich wie die Sperrspitze der HR-Professionalität lesen.

Google als Maß der Dinge?

Schlimm genug

Project Oxygen böte Stoff für ein ganzes Buch. Schlimm genug zum Beispiel die kaum zu übertreffende Trivialität der zehn erarbeiteten Management-Eigenschaften, über die ich hier sprechen könnte. Das lasse ich aber mal sein. Und zur Ehrenrettung: Sowohl Google als auch der inzwischen verstorbene Wissenschaftler der oben genannten Studie, David Garvin, erkennen den trivialen Charakter der Eigenschaften an.

Ich könnte ebenso gut das Tor zur Ethik aufstoßen und müsste dann erschrocken sein, wie jeder Manager bei Google zur wandelnden Datenquelle dehumanisiert wird. Gegenstand ständiger Beobachtung, von oben, links, rechts, unten – von überall könnte ich beurteilt werden. Schnapp, beurteilt. Einen Moment nicht aufgepasst, beurteilt. Schnapp, schon wieder. Manager als Insassen eines 24/7-Panoptikums, reduziert auf das Messbare.

Darüber hinaus müsste ich mich bei genauerer Beschäftigung noch über die Eleganz empören, mit der sich der Taylorismus bei Google als modernes People Operations verkleidet. Die Unterstellung von Wenn-Dann-Bedingungen – die Annahme also, alles sei kausal zu ergründen – trieft aus jeder Pore des Project Oxygen. „Manager, die so sind, wie wir sie gerne hätten, sind gemessen an unseren Messlatten besser als andere" – eine respektable Leistung selbstbezüglicher Beweisführung.

Natürlich würde ich nicht umhinkommen, auch noch ausführlich über den Halo-Effekt zu schreiben. Das Phänomen, bei dem Menschen oder Organisationen mit bestimmten Eigenschaften weitere Eigenschaften zugeschrieben werden. „Das ist so ein guter Fussballtrainer, der dürfte auch von Corona eine Ahnung haben". Oder hier: „Die sind so erfolgreich, deren Publikationen über Führung müssen auch Hand und Fuß haben."

Unverzichtbar wäre dann noch eine Überprüfung des Zusammenhangs und Verhältnisses zwischen der Leistung des Unternehmens und dem Gesamtaufwand, der in die ganze „Oxygen-Strategie" fließt. Bedenklich ist, dass Google selbst noch Schwierigkeiten damit hat, diesen nachzuweisen. Das ehrt sie aber natürlich auch. Sie nehmen ihre Datenliebe ernst und behaupten nicht einfach, das Programm steigerte den Erfolg.

Das alles wäre schon schlimm genug. Ich will aber hier insbesondere über einen meist vollkommen vernachlässigten Zusammenhang sprechen.

Er oder ich

Das Ganze erinnerte mich an Dario. 2015 fragte der mich in seiner Rolle als mein Geschäftspartner unseres gemeinsamen Unternehmens Paleo Jerky: „Könntest du dir vorstellen, deine Anteile zu verkaufen?"

Ich wollte nicht zu euphorisch wirken, um keinen allzu schlechten Deal zu bekommen, aber innerlich stieg die Vorfreude bereits ins Unermessliche. Dabei war der Verkaufserlös nicht einmal der treibende Grund, vielmehr sehnte ich mich nach der Aussicht auf einen Ausstieg.

Der Online-Handel, den wir gemeinsam gegründet hatten, war erfolgreich. Doch die Spannung zwischen meinem Mitgründer und mir war kaum auszuhalten. Wir verbrachten Stunden damit, unsere Ansichten auszufechten, und so sehr wir uns im respektvollen Umgang übten, sank meine Geduld allmählich.

Ich hatte die Schnauze einfach gestrichen voll von diesem eng-stirnigen, kompromisslosen und vor allem impulsiven Vorgehen meines Mitgründers. Entweder ich gehe oder er geht – soweit war ich gedanklich eh schon.

Das Spannende war: Wir kamen privat super aus. Und in dem Moment, in dem ich meine Anteile an einen Investor verkauft hatte, den er an Bord holte, blühte unsere Freundschaft ge-radezu auf. Er war auch alles andere als engstirnig oder kom-promisslos, ganz im Gegenteil. Er war stets kompromissbereit, herzlich und sehr loyal. Er ist auch heute noch ein sehr guter Freund von mir.

Persönlichkeitsmerkmale haften im hohen Maße an dem Kon-text, in dem sie beobachtet werden. Streng genommen sind Persönlichkeitsmerkmale Merkmale des Kontextes, nicht des Menschen.

Nur mittels Kommunikation sind wir in der Lage, uns ein gründ-liches Bild von einem Menschen zu machen. Dieses Bild ist deshalb also auch ein Ergebnis der Kommunikation. Ändert sich der Kontext – hier vom Unternehmen zur Freundschaft –, ändern sich auch die Spielregeln der Kommunikation und damit das Bild, das wir uns von einem Menschen machen. Warum ist das wichtig?

Peter und Paul

Was Peter über Paul sagt, sagt mehr über Peter als über Paul. Der Spruch ist bekannt. Noch passender wäre: Was Peter über Paul sagt, sagt mehr über Peter und noch mehr über den Kon-text, in dem Peter das sagt.

Die Persönlichkeit (noch besser: die Persona) eines Chefs ist keine objektive, vom Kontext unabhängig existierende Spezifikation. So wie Dario kein an sich engstirniger und kompromissloser Mensch ist. Wenn Google-Mitarbeiter ihren Chef beurteilen, dann beurteilen sie also in Wahrheit den Kontext gleich mit.

Ich sage nicht, dass jeder Mensch gleich ist und Persönlichkeitsmerkmale irgendwelche willkürlichen, vom Kontext angelieferten Masken sind, die jederzeit ausgetauscht werden könnten. Doch genauso wenig kann der Kontext negiert werden.

Genau das tut das Beurteilungssystem (von Google) jedoch. Es zwingt den Beurteilenden mittels seiner Fragen in das Zwangskorsett der Personifizierung von Merkmalen, die in nicht unwesentlichem Maße dem Kontext zuzuschreiben wären. Und da man nie entflechten kann, welchen Beitrag der Kontext leistet und welchen der Chef selbst, ist eine objektive Beurteilung von Führungskräften eine Unmöglichkeit.

Werden also zwei Chefs anhand ihrer Beurteilungsergebnisse miteinander verglichen, vergleicht man in Wahrheit zwei Teams (soziale Systeme) und nimmt dabei eine unzulässige Vereinfachung vor.

Die Konsequenzen sind verheerend. Neben den bereits oben genannten Punkten (unter „Schlimm genug") gesellt sich die Etablierung einer von der Wertschöpfung vollkommen entkoppelten Schauspielschule. Je allgegenwärtiger das Gefühl des Beobachtet-Seins, desto stärker verhalte ich mich entsprechend der Annahme, dass ich beobachtet werde und dass ich wiederum davon ausgehen muss, dass die Beobachtenden wissen, dass ich mich beobachtet fühle, was ich wiederum weiß usw.

Während Soziologen bei der Beobachtung solcher Mehrfach-verschachtelungen erst richtig in Fahrt kommen, bündelt dieses Theater nicht nur zeitliche, sondern auch erhebliche kognitive Kapazitäten, die sich für das Unternehmen dann nicht für die eigentliche Arbeit verwenden lassen.

Weil ich es für so wichtig halte, noch einmal anders: Der rein kalkulatorische Aufwand dieser Beurteilungs- und Entwicklungsarbeit ist erheblich, aber meist verkraftbar. Der eigentliche und vor allem langfristigere Schaden wird dadurch verursacht, dass der ganze Aufriss immer mehr Aufmerksamkeit verschlingt, die der Wertschöpfung nicht zugutekommen kann.

Auch wenn der Vergleich ein wenig hinkt: Jedes Mal, wenn mich meine Eitelkeit packt und ich beim Surfen einen prüfenden Blick zum Ufer werfe, um zu checken, ob mich jemand sieht oder gar filmt (Beurteilung), falle ich nur Millisekunden später ins Wasser. Das Surfen (Wertschöpfung) leidet unter der Beobachtung.

Oder wie Goldratt sagt: „Tell me how you measure me, and I will tell you how I will behave."

Beurteilungssysteme messen weder, was sie versprechen, noch nutzen sie der Wertschöpfung!

3 Agile Irrwege

Wie der Markt Unternehmen erzieht

Ich war früher Handballer. Zu Höchstzeiten ging es dreimal die Woche zum Training, und am Wochenende fanden die Ligaspiele statt.

Unser Training war durchzogen von Fitness-Übungen, Wurftraining, Kraftaufbau, Spieleinheiten und dem Einstudieren neuer Spielzüge. In der konkreten Spielsituation hat sich der Gegner natürlich nie so verhalten, wie es diese Spielzüge vorsahen. Hätten wir dann trotzdem an irgendwelchen exakten Laufwegen festgehalten, anstatt uns an die gegnerische Bewegung anzupassen, wäre Hopfen und Malz verloren gewesen. Auch nach dem Spiel ;)

In Organisationen passiert das Gleiche. Am Beispiel traditionell geführter Unternehmen kann man das fantastisch beobachten: Die Mitarbeiter tun nicht das, was in der Stellenbeschreibung steht (Spielzug), sondern vor allem was die Situation erfordert (angepasste Laufwege).

· Sie weichen von den dokumentierten Qualitätsprozessen ab, um die Qualität sichern zu können.

· Sie stimmen sich über informelle Wege ab, ohne die formalen Dienstwege einzuhalten.

· Sie vereinbaren Ziele zuliebe des Zielvereinbarungsprozesses, die sie nicht bei der eigentlichen Arbeit stören.

· Sie hören sich Anweisungen an, folgen diesen aber nicht. Und so weiter und so fort.

Das Spiel zwingt eine Handballmannschaft zur ständigen Anpassung. Das Spiel erzieht die Handballmannschaft sozusagen.

So funktionieren auch Märkte.

Das Marktspiel und seine Spieler

Die Marktteilnehmer (also die Unternehmen) werden vom Markt erzogen. Der Markt provoziert innerhalb des Unternehmens Kommunikationsstrukturen, die sich gewissermaßen hinter dem Rücken der Mitarbeiter entwickeln.

Keiner „macht" diese Strukturen, sie entstehen einfach. Es sind informelle Strukturen. Das nennt man in der Fachsprache Selbstorganisation.

Neben diesen informellen Strukturen schafft sich jedes Unternehmen auch formale Strukturen – so wie jede Handballmannschaft auch. Die formalen Strukturen reduzieren Komplexität und erleichtern so die Koordination.

Die formalen Strukturen sind aber mit dem Moment ihrer Errichtung schon wieder überholt, da sich die Anforderungen der Arbeit ständig verändern. Die formalen Anpassungen kommen nie hinterher. Außerdem unterstellen formale Strukturen Eindeutigkeit, wo die Arbeit oft auf den Umgang mit Mehrdeutigkeiten angewiesen ist. Deshalb stellen Unternehmen ständig an sich selbst fest, dass ihr Organigramm gerade nicht aktuell ist.

Es ist also normal, dass sich neben den formalen auch immer informelle Kommunikationsstrukturen bilden. Das ist keine organisationelle Krankheit. Damit muss man leben.

Zu einem größeren Problem wird dies erst in dem Moment, wo die formale Struktur zur Alleinherrscherin erklärt wird, obwohl sich die Anforderungen an die Arbeit marktseitig ständig ändern. Wenn das Management also darauf besteht, dass die formale Struktur absolute Verbindlichkeit hat.

„Wir haben diesen Prozess und deshalb muss jeder danach arbeiten. Egal was passiert. Basta." Oder um in der Handball-Analogie zu bleiben: „Lauf gefälligst exakt die trainierte Lauflinie ab und spiele in genau der einstudierten Millisekunde an ‚Halb Rechts' ab."

So absurd das beim Handball erscheint, in der Wirtschaft besteht diese Erwartung. Und ihre Einhaltung wird mit immer raffinierteren Mitteln der Belohnung und Bestrafung gefördert. Daran kranken Unternehmen zunehmend. Denn die informellen marktinduzierten Strukturen weichen immer stärker von den selbst auferlegten formalen Strukturen ab. Es kommt zu immer mehr Reibungsverlusten zwischen diesen zwei Wirklichkeiten.

Das Problem ist also nicht die formale Struktur an sich. Das Problem ist, diese auf Gedeih und Verderb einhalten zu wollen.

In der Verzweiflung suchen viele Unternehmen nach Alternativen. „Unsere Spielzüge funktionieren einfach nicht mehr. Wir brauchen neue."

Doch hilft das?

Gleiches Denken in neuem Gewand

Kürzlich bin ich von einem Unternehmer um Rat zu seinem Organisationsaufbau gebeten worden. Er erzählte mir, dass sie das Spotify-Modell übernommen hätten, und fragte, was ich von diesem Modell hielte.

Beinahe hätte ich auf die Frage geantwortet und damit eine ihr zugrundeliegende Annahme akzeptiert. Die implizite Annahme war nämlich, dass Spotify einem Modell folgt.

Spotify muss, so wie nahezu jedes Unternehmen heutzutage, in einem Wettbewerb bestehen, in dem sich ständig neue Anforderungen und Überraschungen auftun. Dafür hat es eine formale Struktur gefunden, die aus Chaptern, Squads, Tribes, agile Coaches, Product Ownern und anderen schicken neuen Begrifflichkeiten besteht.

Doch von dieser Struktur weicht auch Spotify ständig ab. Hielte sich Spotify tatsächlich an ein Rezept, würden diese neuen Herausforderungen nur noch zufällig bewältigt werden können und dann hätte das Unternehmen bereits Insolvenz angemeldet.

Was wirklich hinter dem Erfolg von Spotify zu stecken scheint, ist kein Rezept, sondern eine Art zu denken. Diese Art zu denken kann man auch Theorie nennen. Und genau um diese Unterscheidung geht es mir.

Wer Rezepte nutzt, gibt sein Denken an das Rezept ab. Wer Theorie nutzt, behält sich vor, selbst auf Ideen zu kommen. In diesem Sinne setzt das Nacheifern des Spotify-Modells das Denken in den gleichen Bahnen fort – nur in einem neuen Gewand.

Natürlich ist auch im Spotify-Team nicht jedem diese Unterscheidung klar. Wenn man Spotify also nach ihrem Erfolg fragt, tappen sie selbst das eine oder andere Mal in die Falle.

Dass der Erfolg Rezepten folgt, ist ein verführerischer Gedanke, der Ewigkeitswert hat. Und so passiert die Verführung auf beiden Seiten – bei Spotify und bei den Nachahmern. Für Spotify ist die Verführung, sich ihren Erfolg durch die Befolgung eines Modells zu erklären, anstelle durch eine Art zu denken (= Theorie). Und bei den Spotify-Nachahmern besteht die Verführung in der zusätzlichen Annahme, die Kopie einer organisatorischen Struktur eines Unternehmens könne die Probleme des eigenen Unternehmens lösen.

Ich möchte nicht missverstanden werden: Mit Sicherheit hat die formale Struktur von Spotify etwas mit seinem Erfolg zu tun. So wie jeder Spielzug etwas mit dem Erfolg einer Handballmannschaft zu tun haben kann.

Doch den entscheidenden Beitrag zum Erfolg leistet das Abweichen von der formalen Struktur und gerade nicht ihre Einhaltung. Zumindest überall dort, wo Dynamik im Spiel ist, wo der Markt also nicht stillhält.

Etwas salopp kann man es so formulieren: Jedes Unternehmen „will" sich von seinem Markt erziehen lassen. Das Management tut gut daran, das auszuhalten.

Es ist besser, man akzeptiert dieses Ungleichgewicht zugunsten der organisatorischen Leistungsfähigkeit, als die formale Struktur gegen die informelle durchzusetzen.
Der Zwang, sich an ein Modell – z.B. das Spotify-Modell – zu halten, stört die Selbstorganisation auf empfindliche Art und

Weise. Bestehen das Management oder die Teams selbst also beispielsweise auf eine bestimmte Teamgröße, Teamzusammensetzung, Rollen im Team, feste Aufgaben, Schnittstellen, Prozesse etc. steigen die Reibungsverluste.

Unternehmensführung besteht aus dem Aushalten von Widersprüchen. Das geht zwar gegen die Intuition, unterscheidet aber eine gekonnte Unternehmensleiterin des 21. Jahrhunderts von einer Beton-Tayloristin des 20.

Das Spotify-Modell existiert also sehr wohl. Aber eben nur in den Köpfen und auf den Organigrammen. Wer genauer hinsieht, wird feststellen, dass kein Unternehmen tatsächlich danach arbeitet. Immer nur oberflächlich. Und wenn doch, dann gibt es dieses Unternehmen nicht mehr lange.

Wirksame Unternehmensführung nimmt Selbstorganisation als Chance in Gebrauch, anstatt sie zugunsten von Scheinkontrolle zu bekämpfen.

4 Agil - wozu?

Die Geschichte von Molly's, Seaspray und schlechtem Kaffee

Dieser Beitrag könnte die Mutter aller Impulse in diesem Buch sein. Nicht weil ich behaupten möchte, er sei besonders gut, sondern weil er eine der wichtigsten Denkgrundlagen beinhaltet.

Wenn Agilität die Lösung ist, was ist dann das Problem?

Ich habe ein Ritual, das ich nahezu täglich praktiziere: Irgendwann im Laufe des Tages – meistens während eines Telefonats – schlendere ich von unserem Haus an den berühmten weißen Klippen der englischen Südküste entlang und hinunter in das kleine, beschauliche Dorf, an dessen Rand wir leben.

Dann biege ich links auf die Straße ab, die hinunter zum Meer führt, und hole mir bei Seaspray einen Oat Flat White, also eine Cappuccino-Variation mit Hafermilch.

Wären wir vor mehr als vier Jahren hierhergezogen, hätte ich mir solche Erste-Welt-Präferenzen abschminken können. Da gab es hier weder Flat White, noch überhaupt guten Kaffee. Denn da war Seaspray noch nicht im Besitz von Lewis.

Sein Vorgänger hatte kein Talent für das Betreiben einer guten Gastronomie, geschweige denn für das Brühen eines anständigen Kaffees.

Bevor Lewis mit seinem großstädtischen Gespür und langjähriger Gastronomie-Erfahrung den Laden übernahm, gab es hier eigentlich nur die Wahl zwischen schlechtem Filterkaffee mit oder ohne Milch.

Der Platzhirsch war Molly's. Denn die waren und sind direkt unten am Strand. Und das reichte als Kaufargument.

Gestiegene Dynamik

Doch seit vier Jahren hält Lewis das Dorf auf Trab. Die Nähe zum Meer reichte Molly's schon nach wenigen Wochen nicht mehr, um gegen Lewis anzustinken. Schon bald machte es auch nichts mehr, dass Lewis' Kaffee deutlich teurer ist als das Preisniveau der anderen Cafés in unserem Dorf.

Sowohl Molly's als auch die anderen mussten nachziehen. Der Siebträger musste her. Snacks, die nicht mehr nur aus 100% Zucker bestehen, mischten sich ins Portfolio. Molly's sprang sogar über ihren Schatten und bot neben Earl Grey unterschiedliche Kräutertee-Sorten an – wenn du mich fragst, immer noch 2. Wahl, aber immerhin.

Als die Schlangen sich vor Lewis' Café verlängerten, gingen manche Kunden direkt weiter. So gut, dass man eine Stunde auf sein Frühstück warten muss, war er in der Wahrnehmung mancher Kunden eben doch noch nicht.

Das brachte Lewis wiederum in Zugzwang und er überarbeitete sein Menü sowie die Prozesse von der Bestellung bis zum Servieren und baute Personal auf.

Seitdem schaukeln sich die kleinen Innovationen im hiesigen

Café-Gewerbe wechselseitig auf ein Niveau, das sich vor dem benachbarten Brighton nicht mehr in jeder Hinsicht verstecken muss.

Um es in der Future-Leadership-Sprache zu sagen: Bei uns im Dorf ist die Dynamik gestiegen. Um hier als Café überleben zu können, muss man diese Dynamik aushalten und selbst zu ihr beitragen, sonst wird man Opfer der kreativen Zerstörung.

Agilität nur marktfrisch

Agilität ist Ausdruck der Fähigkeit, sich in Gegenwart eines dynamischen Marktumfeldes behaupten zu können.

Das heißt weiterhin: Agilität ist nur nötig, wenn der Markt dynamisch ist. Oder anders: Jede Agilität ist immer nur eine Agilität im Bezug zu dem Markt, auf den sie trifft. Wer agiler werden will, kann das also nicht tun, ohne dabei den Markt zu beobachten.

Schon gar nicht kann es Agilität aus der Konserve geben. Was bei dem einen Unternehmen zu der passenden Agilität führt, könnte bei einem anderen Unternehmen eines anderen Marktes zu Verschwendung führen. Denn wenn zu viel Agilität auf zu geringe Dynamik trifft, ist das Ergebnis eine unwirtschaftliche Organisation.

Diese Erkenntnis ist deshalb so grundlegend, weil sie zu dem Denkfundament einer jeden Veränderungsinitiative gehören muss.

Im Frühjahr 2020 bin ich in unserer Ausbildung erneut auf einen Fall gestoßen, bei dem sich recht zügig herausstellte, dass die gesamte, vor einem Jahr gestartete agile Transformation vollständig unnötig ist. Denn sie trifft auf ein Unternehmen, das sich einer Marktträgheit erfreut, die sogar Frederick Taylor begeistert hätte.

Wo Agilität nur stört

Die Existenzberechtigung meines Unternehmens intrinsify und unserem Future-Leadership-Denkgebäude ist überhaupt nur nötig, weil die Dynamik der Märkte je nach Branche in den letzten 15 bis 60 Jahren massiv zugenommen hat.

Als Frederick Taylor 1911, vier Jahre vor seinem Tod, sein letztes und zugleich bekanntestes Buch schrieb, hat die Umwelt der meisten Unternehmen stillgehalten. Da gab es nur Molly's. Kaffee wollte jeder, das Angebot war klein, die Produktqualität deshalb nahezu egal.

Das Problem unangemessener Wirtschaftlichkeit und niedriger Löhne konnte und musste man damals lösen, indem man das Unternehmen so maschinell wie nur irgend möglich gedacht hat. Agilität wäre der Feind der Wirtschaftlichkeit gewesen.

Die Anwender der tayloristischen Management-Prinzipien konnten ihren Mitarbeitern zum Teil das doppelte Gehalt zahlen. Eben weil sie auf Agilität verzichteten. Agilität war der Feind, denn sie wäre mit einer geringeren Prozesstreue einhergegangen, die für die Effizienzgewinne unerlässlich war.

Das Gleiche gilt auch heute noch. Die wenigen Unternehmen, die sich einer wettbewerbsarmen Umwelt erfreuen können, sind gerade dann in der Lage, gut zu bezahlen und weitere Mitarbeiter einzustellen, wenn sie nicht auf den agilen Zug aufspringen, sondern die Optimierungspotenziale „klassischen" Managements nutzen.

Analog dazu sollten sich dynamikgeplagte Unternehmen die wichtige Frage stellen: Wo genau werden wir denn von Dynamik geplagt? Und nur da erhöht man die Flexibilität an ein marktgerechtes Niveau.

Ich gehe übrigens weiterhin zu Lewis. Inzwischen ist er ein guter Freund von mir. Da müsste sein Kaffee schon echt massiv abbauen, bevor ich mal bei Molly's aufschlage. Dabei bietet Molly's jetzt auch Hafermilch an. Allerdings die schlechtere.

Ach, Molly.

Hmmm...

Ich wurde gefragt: „Ist es nicht ein wenig zu reaktiv, darauf zu warten, dass das Marktumfeld dynamisch wird, bevor ich mich im Unternehmen mit Agilität auseinandersetze? Stichwort: Disruption."

Hier werden zwei Aspekte in einen Topf geworfen. Die Komplexität eines Unternehmens zu erhöhen, damit es agiler mit seiner relevanten Umwelt umgehen kann, ist eine Sache des Organisationsdesigns. Erhöht man diese Komplexität, obwohl der Markt diese Komplexität gar nicht erfordert, dann schlägt sich dies in Form von wirtschaftlichkeitsschädigender Verschwendung nieder.

Eine andere Sache ist die Strategie, die Ausdruck der unterneh-

merischen Wette eines Unternehmens ist. Jedes Unternehmen ist langfristig auf Ideen von Individuen angewiesen, die in einer Position sind, ihnen zur Innovation zu verhelfen – diese nennen wir Unternehmer. Dass ein Unternehmer in seiner Weitsichtigkeit neue Geschäftsmodelle initiiert bzw. anpasst und damit dem Lebenszyklus auslaufender Geschäftsmodelle Rechnung trägt, gehört zu dieser Unternehmeraufgabe.

5 Change-Betrachtung

Mit dem 8-Phasen-Change-Management-Modell zum erfolgreichen New-Work-Unternehmen

„Durch eine repräsentative Studie der New-Work-Pionier-unternehmen waren wir in der Lage, ein Change-Management-Verfahren zu entwickeln, mit dem jeder seine Organisation zu einem erfolgreichen New-Work-Unternehmen wandeln kann. Die Folge sind eine hohe Mitarbeiterzufriedenheit und über-durchschnittlicher wirtschaftlicher Erfolg. Solange die acht Phasen unseres Change-Management-Konzepts konsequent durchgearbeitet werden, steht diesem Ziel nichts mehr im Weg."

Hust! Das fiel mehr als schwer.

Worte wie Change Management, erfolgreich, Verfahren und Phasen kann ich zusammen kaum in den Mund nehmen und natürlich ist das oben Geschriebene pure Ironie.

Change Management ist ein Oxymoron.

Der Denkfehler beginnt schon bei der Begrifflichkeit. Change kann man nicht managen.

Natürlich hängt es davon ab, was man unter managen versteht. Aber wenn damit die zielgerichtete Herbeiführung eines Orga-nisationszustandes gemeint ist, dann haben wir es hier mit einem Oxymoron zu tun – einer Formulierung also, die zwei Begriffe auf widersprüchliche Weise miteinander verknüpft. So wie Ausnahmeregel.

Aber auch wenn man managen weniger streng versteht, sondern eher als kontrollierendes Organisieren, nimmt man damit eine gehörige Portion Realitätsferne billigend in Kauf. Denn Veränderung hat in sozialen Systemen keinen Autor und ist deshalb auch nicht kontrollierbar. Das liegt daran, dass soziale Systeme keine Maschine sind, die kausalen Wenn-Dann-Regeln gehorchen.

Soziale Systeme sind lebendig. Das hat nichts Mystisches. Das steht auf soliden wissenschaftlichen Füßen.

Dass soziale Systeme lebendig sind, kannst du leicht überprüfen: Setze fünf Wochen in Folge die genau gleichen Menschen an genau dem gleichen Wochentag zu genau der gleichen Uhrzeit in genau den gleichen Raum mit genau der gleichen Sitzordnung mit genau den gleichen Einführungsworten etc. – und beobachte, was passiert.

Natürlich passiert jedes Mal etwas anderes. Sogar wenn es theoretisch möglich wäre, die Anfangsbedingungen der Situation exakt zu reproduzieren, sähe der Gesprächsverlauf immer anders aus. Für diese Eigenschaft ist in der Fachsprache der Begriff der Komplexität reserviert.

Soziale Systeme sind also komplexe Systeme. Das bedeutet, dass sie sich selbst und ihre Umwelt am laufenden Band überraschen.

Wenn also schon unter gleichen Anfangsbedingungen nicht der

gleiche Ausgang zu erwarten ist, wie soll es dann bei unterschiedlichen Ausgangsbedingungen möglich sein? Gar nicht.

Genau das aber versprechen Change-Management-Verfahren und Best Practices: „Folge diesem Modell, dann bist du erfolgreich". Wenn es diese Zauberformel tatsächlich gäbe, dann wäre bereits die Mehrheit der Unternehmen mit ihr zum Erfolg gekommen. Und die wenigen, die sie nicht angewendet hätten, gäbe es nicht mehr.

Change Management war einmal möglich.

Der Grund für den Irrtum, der sich beharrlich an den Lehrstühlen unserer Universitäten und in den Management-Meetings unserer Unternehmen hält, liegt in der Geschichte. Denn Change Management war einmal möglich.

Zur Blütezeit des Taylorismus waren Organisationen durchaus mit Maschinen vergleichbar. Dafür lag jedoch eine notwendige Bedingung vor, die sich heute ausgesättigt hat: Die Wirtschaft bestand nahezu ausschließlich aus Verkäufermärkten. Aus Märkten also, in denen der Wettbewerb ignoriert werden konnte.

In solchen Märkten konnte man sich auf die Administration der Norm konzentrieren. Auf den Regelbetrieb also. Die disziplinierte Befolgung aller Regeln führte zu der hohen Effizienz und dem damit verbundenen wirtschaftlichen Erfolg.

In so einem Unternehmen, das nahezu nur aus Regeln besteht, schrumpft der lebendige Teil der Organisation auf eine Größe zusammen, die ignoriert werden kann, ohne dabei ein Risiko einzugehen. Man kann es auch so formulieren: Jede Regel verdrängt ein Stück Lebendigkeit aus dem Unternehmen. Und obwohl es unromantisch klingt, war gerade das die Erfolgsformel des Taylorismus. Wenn man etwas nämlich tatsächlich regeln kann, wenn also nicht von außen mit Überraschungen zu rechnen ist, dann stört Lebendigkeit in der Wertschöpfung. Die geringe Überraschungsdichte des 20. Jahrhunderts war mithin die Voraussetzung dafür, mechanistisch über das eigene Unternehmen nachdenken zu können.

Und um die Maschine „Unternehmen" zu ändern, um also Change zu managen, musste man nur die Regeln ändern, an ein paar Schrauben drehen, einige Hebel umlegen, die Mitarbeiter aufgleisen und dann noch ausrollen. Unsere Sprachbilder sind Zeitzeugen dieser mechanistischen Denke.

Diese Denke hat sich gehalten. Blöderweise lassen sich die Voraussetzungen, die ein solches Denken rechtfertigen würden, aber gar nicht mehr vorfinden.

Denn heute besteht die Wertschöpfung schon längst nicht mehr nur aus der Befolgung von Regeln, sondern auch und im Wesentlichen aus dem improvisierten Umgang mit Überraschungen. Die Wertschöpfung der Ausnahme, wie ich sie nenne. Der lebendige Teil der Organisation hat in diesem Zuge wieder dramatisch zugenommen:

„Frank, wo steht noch mal, wie ich die neue Doppelleitung mit der Aufnahmegabel verbinden kann? In der Osthalle bauen die wohl 'ne neue Variante."

„Keine Ahnung, haben wir noch nie gemacht."

Hier müssen Menschen auf Ideen kommen, nicht blind irgendwelchen Regeln folgen. Auch der Chef kann hier nur zufällig das bessere Händchen haben, schließlich ist er weiter vom Problem entfernt.

Wenn also der lebendige Teil der Organisation an Bedeutung zunehmen muss, dann ist es auch mit dem managebaren Change vorbei.

Wo Menschen nicht nur als verlängerter Arm der Regel dienen, sondern ihre eigene Kreativität gefragt ist, ist Lebendigkeit eine selbstverständliche Folgeerscheinung und Change Management eine Unmöglichkeit.

Change-Management-Denke gewinnt jede Auseinandersetzung.

Ich stelle mir Hannes und Thomas vor. Thomas zuerst.

Thomas ist BWL-ler. Er hat an der WHU studiert. Nichts gegen die WHU, aber die mit ihr verbundenen Vorurteile kann ich nur schwer abschütteln.

Thomas beeindruckt auf den ersten Blick: Er ist eloquent, er ist zielstrebig, er ist gut gekleidet, er fährt eine schicke C-Klasse, er isst gerne in guten Restaurants und er redet vor allem gerne über Management.

Thomas ist davon überzeugt, dass man nicht lange fackeln sollte. Wer erfolgreich sein will, muss die Dinge im Griff haben. Zweifel kennt er nicht oder lässt sie zumindest nicht erkennen. Wenn im Meeting mal gerade der Wurm drin ist, dann fordert er zuallererst belastbare Zahlen und Fakten. Auf deren Basis könne man dann auch eine vernünftige Entscheidung treffen.

Das Weiche – also Soft Skills und so – muss man schon mal zulassen, die haben aber eigentlich nichts bei der Arbeit zu suchen. Gefühle sowieso nicht. Das wäre ja unprofessionell. Und jeder ist ersetzbar. Klar, wo kämen wir sonst hin.

Hannes ist eher von der stilleren Sorte. Er hat Philosophie studiert. Irgendwie ist er aber trotzdem in der Wirtschaft gelandet. Seitdem kann sein Vater wieder gut schlafen. Hannes tut sich mit der rauen Management-Welt eher schwer. Zur Wirkung ist er bisher immer nur unter der Schirmherrschaft eines weitsichtigen Mentors gekommen, der Hannes' Beitrag zu schätzen wusste.

Seine Kollegen hören immer ganz genau hin, wenn Hannes etwas sagt. Denn in der Regel nützt es ihnen. Insbesondere dann, wenn sonst keiner mehr auf eine Idee kommt.

Hannes ist davon überzeugt, dass Gefühle wichtige Informationen mitteilen. Er glaubt nicht, dass man sie wegmanagen kann. Man kann sie nur tabuisieren. Daraufhin, glaubt er, schleichen sie sich aber umso wirkungsvoller von hinten wieder durch die Brust ins Auge.

Hannes ist davon überzeugt, dass Gefühle immer dann weiterhelfen, wenn es kein Wissen mehr gibt. Immer dann, wenn man mit einer neuen Situation konfrontiert ist. Er glaubt, dass die ganzen Zahlen nur als glattpolierte Scheinrealität taugen, nicht um Probleme aus der echten Welt zu lösen.

Thomas ist der CFO des Unternehmens und Hannes eine Art geduldeter Exot.

Da alle ahnen, dass Hannes für das Unternehmen als freies Radikal von großer Bedeutung ist, hat man seine unklare Stellenbeschreibung bisher tabuisiert. Würde man sie enttabuisieren, bräuchte man Argumente fürs Management. Doch die würde man nicht finden, zumindest nicht in einer anschlussfähigen Sprache.

„Der Hannes springt immer da ein, wo es gerade brennt und der hat immer gute Ideen"

„Danke, Tim, wichtiger Beitrag. Aber sag mal, wie viele Produktivstunden hat Hannes denn?"

Gelegentlich finden sich Thomas und Hannes in gemeinsamen Meetings wieder ...

Weich verkauft nicht.

Jetzt zum Beispiel sitzen die beiden mit fünf anderen Kollegen zusammen und diskutieren eine Dispositionsstrategie.

Und während alle spüren, dass Hannes den richtigen Riecher hat, setzt sich Thomas durch. Denn der richtige Riecher hat in Management-Meetings wenig verloren. Hier zählen Zahlen und knallharte Fakten, nicht Träume.

Doch wenn man genauer hinsieht, erkennt man, wer hier der eigentliche Träumer ist. Thomas nämlich, nicht Hannes.

Thomas sitzt einer Illusion auf. Spätestens seit seinem Studium ist er wie Truman Burbank in dem Film „The Truman Show" von einer Scheinwelt überzeugt. Er glaubt felsenfest daran, dass seine Management-Modelle wahr sind. Sein Glaube sitzt so tief, ihm fällt gar nicht mehr auf, dass es sich um einen Glauben handelt.

Für ihn ist Glaube für die Bereiche des Lebens reserviert, in denen keine Wahrheit feststellbar ist. Dass sein Management-Verständnis in die gleiche Kategorie fällt, entgeht ihm dabei natürlich.

Thomas glaubt, man könne alles messen. Und was nicht messbar ist, spiele keine Rolle. Sogar die Soft Skills, von denen er eigentlich wenig hält, möchte er in Assessment Centern gemessen sehen.

Thomas verschließt die Augen nicht vor der Realität, er kennt die Realität schon gar nicht mehr. Während manche Kollegen sich täglich versuchen, einen Weg unter dem Radar der Kennzahlen und Richtlinien zu suchen. Während sie eine Schatten-Excel Tabelle nach der anderen versteckt halten. Während sie Kunden anflehen, am System vorbei zu bestellen, damit sie die Wertschöpfung in Gang halten können.

Während dieser Zeit versucht Thomas, sein Management-Cockpit zu optimieren. Alles mit bester Absicht natürlich. Er kann es sich anders einfach nicht vorstellen.

Hannes dagegen findet keine Argumente für das, was er tut. Aber das, was er tut, ist für die Kunden ein Argument, weiterhin bei seinem Arbeitgeber zu bestellen.

Das Problem von Hannes ist, dass er im Meeting wie der Softie rüberkommt. Wie der Dussel, der noch nicht ganz verstanden hat, wie der Hase läuft. Dass die echte Welt nun mal ein bisschen rauer ist. Hannes, der Träumer.

„Am Ende sind wir ja nicht zum Spaß hier, sondern um Gewinn zu machen", gibt Thomas gerne zum Besten. „Eben", entgegnet Hannes dann jedes Mal. Die tiefe Erkenntnis, die dieser Antwort zu Grund liegt, geht dabei jedoch unter.

Hannes fühlt sich wie ein unmündiges Kind, dass von Erwachsenen umgeben ist, die meinen, die Welt zu verstehen. Dabei ist es genau andersherum.

Change Management ist deshalb so beliebt, weil es auf die Kontrollillusion des konventionellen Management-Narrativs einzahlt. Daneben sieht man alt aus, egal wie sehr einem täglich die Wertschöpfung um die Ohren fliegt, während die Kollegen Kästchen schieben.

Und noch eine weitere große Illusion durchdringt das Management in Sachen Change.

Change ist immer im Gange, auch ungefragt.

„Wir machen gerade mal zwei Jahre lang kein Change-Projekt, weil wir schon so viele davon hatten". Solche Sätze höre ich nie. Ich höre immer nur: „Wir machen gerade ein großes Change-Projekt."

Alleine das weist schon darauf hin, dass Change zum Status Quo geworden ist. Doch der großer Irrtum liegt noch tiefer:

Change ist gar kein Projekt.

Für Change kann man sich nicht entscheiden. Man kann ein

Unternehmen auch nicht entwickeln. Ein Unternehmen entwickelt sich selbst.

Es entwickelt sich selbst und ständig. Auch ungefragt. Weil es lebendig ist. Und weil es ununterbrochen irritiert wird: von seinen Mitarbeitern, von den vielen Wettbewerbern und ihren Innovationen, vom Gesetzgeber usw.

Ein Unternehmen nimmt diese Veränderungen in seiner Umwelt dabei viel stärker zur Kenntnis als die nächste Change-Kampagne aus der „Corporate Change & People Development Abteilung". Auch dann, wenn der CEO ihr den Rücken stärkt.

Denn in der Regel haben Unternehmen schon eine recht dicke Hornhaut gegenüber den Behelligungsversuchen ihres Managements entwickelt. Klar, es kostet sie etwas Geld, manchmal auch viel, aber nachdem die Beraterhorde das Management wieder aus dem Offsite entlassen hat, die Mitarbeiter die Kommunikationskampagne brav haben über sich ergehen lassen und man sich an die neuen Titel seiner Kollegen gewöhnt hat, geht es wieder weiter wie zuvor.

Gleichzeitig aber weht der unerbitterliche Wind des Markts durch das Unternehmen. Nach Dienstschluss trifft sich eine Gruppe aus unterschiedlichen Abteilungen fast schon regelmäßig auf dem Parkplatz, um noch mal kurz die Taktik für den neuen Kunden abzustimmen.

In dem dafür vorgesehenen Projektstatusmeeting herrscht zu viel Formalismus und Etikette. Da kann man manche Dinge einfach nicht aussprechen. Und was letzten Monat noch funktioniert hat und deshalb seinen Weg in die Projektlandkarte gefunden hat, ist heute schon wieder obsolet.

Aber hier, im informellen Kreis auf dem Parkplatz, da geht das:

„Jan, ruf du mal morgen den Kunden an und frag ihn, ob wir kurz mit dem Rechner vorbeikommen können, um ihm das Mockup zu zeigen"

„Meinst du echt? Was, wenn das rauskommt?"

„Anders geht's doch nicht. Wir brauchen sein Feedback, sonst arbeiten wir hier vollkommen an den Anforderungen vorbei"

Agiles Arbeiten unter dem Radar: in vielen Unternehmen an der Tagesordnung. Es bilden sich Seilschaften, informelle Hierarchien, Schatten-IT-Systeme, handschriftliche Montagezeichnungen in der Schublade des Meisters, Deals zwischen Abteilungen, die am Quartalsende wieder alle aufrechten Ganges zum Kennzahlen-Meeting gehen lassen, usw.

Diese informelle Struktur entwickelt sich schneller, als jedes Change-Projekt hinterherkommen könnte. Sie passt sich ständig den neuen Anforderungen an und findet immer wieder eine Lösung im Dickicht der formalen Struktur.

Change ist für die informelle Struktur der Alltagsbetrieb und eben kein Projekt. Organisationen entwickeln sich evolutionär, nicht zielgerichtet. Auch weil sie ein gutes Gedächtnis haben ...

Change Management verändert keine Unternehmenskultur.

Die Unternehmenskultur markiert die Grenze zwischen den möglichen und den wahrscheinlichen Entscheidungen, indem sie die vergangenen erinnert.

Unternehmenskultur ist gewissermaßen das Gedächtnis dessen, was in der Organisation als normal gilt. Wenn man sich gemäß der Unternehmenskultur verhält, dann fällt es nicht auf. Erst wenn man ein Verhalten wählt, das an die Grenzen des in diesem Kontext als Normal geltenden stößt, regt sich Widerstand. Das, was sich nicht gehört, was unerwartet ist, was in der Vergangenheit keinen Anschluss gefunden hat – das irritiert die Kultur und provoziert ihren Immunapparat.

Ein paar Beispiele:

· Wer im Chefbüro direkt hinter den Schreibtisch des Chefs läuft und sich neben ihn setzt – der provoziert die Kultur.

· Wer immer pünktlich um 17 Uhr Feierabend macht, obwohl es sich eingestellt hat, dass lange Arbeitszeiten mit hoher Leistung gleichgesetzt werden – der provoziert die Kultur.

· Wer die Prozessanweisung strikt befolgt, obwohl jeder implizit weiß, dass sie nicht das Papier wert ist auf dem sie steht – der provoziert die Kultur.

· Wer jedem gegenüber tritt mit einer Haltung größtmöglicher Freundlichkeit, der Bereitschaft, all sein Wissen zu teilen, und stets zur Verfügung zu stehen, während sich herausgestellt hat, dass man im Unternehmen nur Karriere machen und Wirkung erzeugen kann, wenn man taktische interne Netzwerke unterhält – der provoziert die Kultur.

Wer sich so verhält, bekommt Gegenwind. Der Chef, die Kollegen, die Mitarbeiter – alle werden ihm offen oder verdeckt zu verstehen geben, dass die Spielregeln verletzt worden sind.

Diese Spielregeln hat keiner gemacht. Sie haben sich hinter dem Rücken der Mitarbeiter entwickelt und dienen dazu, erwartbares Verhalten zu reproduzieren, ohne sich jedes Mal darüber abstimmen zu müssen.

In diesem Sinne erleichtert Kultur die Verhaltenskoordination vieler Menschen, indem sie die unendliche Vielfalt möglichen Verhaltens auf eine deutlich kleinere Auswahl wahrscheinlichen Verhaltens reduziert.

Wie ein Kraftfeld wirkt die Kultur auf die Mitarbeiter. Sie ist der Klebstoff, der die Organisation zu dem macht, was sie ist. Einem Etwas, das sich von seiner Umwelt unterscheidet. Denn ohne Kultur wäre kein Unterschied zu erkennen zwischen dem Unternehmen und allem anderen. Dann könnte sich keine Identität stabilisieren, dann wäre alles egal bzw. möglich. Dann gäbe es das Unternehmen nicht.

Die Teile des Change Managements, die auf eine Veränderung der Kultur abzielen, sind dadurch motiviert, dass den Managern die herrschende Kultur nicht gefällt. Sie stellen also fest, dass sie sich ein anderes Verhalten wünschen.

Die Mitarbeiter sollen sich nicht mehr überarbeiten und endlich pünktlich Feierabend machen. Die Mitarbeiter sollen sich an die Prozessanweisungen halten, damit die Wertschöpfung zuverlässiger wird. Die Mitarbeiter sollen sich offener, kooperativer und unterstützungsbereiter zeigen.

Bei all diesen Forderungen wird vergessen, dass die Kultur ein Problem löst. Sie hat sich deshalb so gebildet, wie sie heute ist, weil sie zu den Verhältnissen in der Organisation passt.

Die Kultur ist nie das Problem. Sie ist nie kaputt. Sie gibt nur Auskunft darüber, was normal ist und erwartet wird. Jedes Unternehmen bekommt die Kultur, die es verdient.

Change Management erzeugt Heuchel-Appelle.

Wenn Change Management jetzt zur großen Kulturveränderung ansetzt, dann fordert sie verkürzt: „Verhaltet euch anders, als es hier normal ist, ohne dass wir etwas an den Rahmenbedingungen ändern. Tut also so, als hätten wir eine andere Kultur. Heuchelt!"

Das ist eine absurde Forderung, doch sie entspricht der gängigen Praxis.

In wichtigen Workshops, zu denen mit bester Absicht ein Querschnitt der Belegschaft eingeladen wird, stellt man den Kulturmangel zunächst fest, erarbeitet dann einen kulturellen Wunschzustand und bemüht sich anschließend darum, ihn auf X Kernwerte oder Leitsätze herunterzubrechen. Dabei darf auch mal eine Facette unter den Tisch fallen, damit es am Ende eine runde Zahl von Werten ist. Zehn ist immer schön. Oder fünf.

Nach dem gut vorbereiteten und von absoluten Moderationsprofis begleiteten Workshop verlassen dann alle beseelt den Raum, haben sich prächtig verstanden und sind voller Vorfreude, die neue Kultur ab morgen im Betrieb „zu leben". Und dann kommt die große Überraschung.

Denn man kann sich seine Kultur nicht aussuchen. Man kann sie nicht machen, nicht beschließen und auch nicht entwickeln. Sie entwickelt sich von selbst.

Klar, jeder Mitarbeiter kann andere Mitteilungen wählen, kann versuchen, kulturelle Erwartungen zu verletzen, um den neuen gerecht zu werden. Doch Mitteilung und Kommunikation sind nicht dasselbe. Mit anderen Worten: Erst die Kultur erzeugt die Bedeutung einer Mitteilung, nicht der Absender selbst. Ich kann die Wahrheit sagen und trotzdem den Eindruck hinterlassen, ich habe gelogen.

Deshalb schnappt die alte Kultur immer wieder zu. Bevor man sich versieht, ist man erneut gefangen im Dickicht der bekannten Normalität.

Manchmal wird die Sache sogar noch schlimmer.

Change betrachten statt managen.

Beispielhaft erlebe ich das bei dem häufig artikulierten Anspruch, Führungskräfte sollten „moderner führen". In der Konsequenz wählen Chefs bewusst eine sehr freundliche Ausdrucksweise, stellen ihren Mitarbeitern viele Fragen oder bemühen sich um mehr Augenhöhe.
Das fühlt sich weder für die Führungskräfte noch für die Mitarbeiter besonders authentisch an. Allmählich schleicht sich

Misstrauen ein. „Wieso stellt die mir Fragen, deren Antworten ich kenne? Macht die mir jetzt was vor? Ist das nur Fassade? Will der nur den Workshop-Ergebnissen gerecht werden? Meint die das gar nicht so? Steht der gar nicht zu dem, was wir beschlossen haben?

Das Ergebnis ist nicht selten, dass die Kultur unter ihrem Entwicklungsversuch leidet. Präziser: Sie wird anschließend als noch unangenehmer beschrieben. Denn jetzt müssen sich alle gegenseitige Heuchelei unterstellen. Doof. Und irgendwie kontraproduktiv.

Deswegen ist es besser die Kultur, Kultur sein zu lassen und sie einzig und allein als Beobachtungsgegenstand zu nutzen. Dafür ist sie bestens geeignet. Schließlich spiegelt sie die Verhältnisse im Unternehmen auf eindrucksstarke Art und Weise wider.

Eine Kultur, die sich niemand wünscht, ist meist ein Hinweis darauf, dass Organisationsstrukturen und Management-Instrumente betrieben werden, die der Wertschöpfung und damit dem Erfolg im Wege stehen. Gezielte Veränderung kann nur an diesen expliziten Spielregeln ansetzen, die impliziten entziehen sich der direkten Veränderbarkeit.

In diesem Sinne ist das, was herkömmlich unter Change Management und insbesondere unter Culture Change verstanden wird, eine auf Irrtümern beruhende Show auf der Vorderbühne des Unternehmens. Sie bleibt bestenfalls wirkungslos, meist schadet sie.

6 Kooperation ohne Lohn

Zehn Gründe, warum eure Mitarbeiter nicht kooperieren

Ohne dass Mitarbeiter kooperieren, kann kein Unternehmen erfolgreich sein. Doch damit kooperiert wird, muss sich Kooperation lohnen. Das tut sie in den meisten Unternehmen jedoch nicht. Doch warum eigentlich nicht?

Gemeinsam gegen das Hochwasser

Der dritte Tag ist der härteste. Es ist einer der heißesten im Jahr, keine Wolke am Himmel und nur noch wenige Stunden bis zum entscheidenden Moment. Hält der Deich?

Die letzten zwei Nächte haben wir jeweils zwei Stunden geschlafen. Sobald sich irgendwer hinsetzt, fallen ihm meist schon die Augen zu. Die Muskeln sind schlapp, der Tank ist leer. Aber wir wollen weitermachen, denn gemeinsam haben wir eine realistische Chance.

Meine zweijährige Laufbahn zum Reserveoffizier bei der Bundeswehr war von vielen Momenten der Langeweile, der Bullshit-Jobs und der willkürlichen Autorität geprägt. Doch für ein paar Tage im August 2002 schienen alle Normalitäten des Alltages ausgesetzt zu sein, alles schien einen Sinn zu ergeben.

Gestiftet hatte diesen Ausnahmezustand das Elbhochwasser. In dem Versuch, kritische Deichabschnitte entlang der Elbe abzusichern, rückten wir damals zu einem der größten humanitären Einsätze der Bundeswehr aus.

Trotz der beschriebenen Umstände, oder gerade wegen selbiger, war die Stimmung ausgezeichnet. Überall arbeiteten Zivilisten und Soldaten Hand in Hand. Bei jeder Gelegenheit ging man sich gegenseitig zur Hand. Es herrschte ein grenzenloses Vertrauen. Und trotz der körperlichen Ermüdungserscheinungen, waren alle voller Energie und Tatendrang.

Zur Beschreibung meiner damaligen Erfahrung fällt mir ein besonders geeignetes Wort ein: Kooperation.

Die Abwesenheit von Kooperation ist sicherlich einer der Hauptanlässe für Management-Interventionen. Wer hätte nicht gerne mehr davon, von dieser Kooperation? Wer wünscht sich nicht, dass alle Hände konstruktiv ineinandergreifen. Also wird in Unternehmen allerhand getan, um Kooperation zu fördern. Oder nicht?

Die können das nicht!

Kooperation scheitert am Menschen, sagen viele. Die meisten hätten gar kein Interesse an Kooperation. Kooperation würde Eigeninitiative voraussetzen und die sei nicht jedem in die Wiege gelegt, höre ich häufiger. Es mangele am echten Willen, es mangele am gegenseitigen Vertrauen, es mangele an der Motivation und es mangele vor allem an der Verantwortungsübernahme.

Deshalb versuchen viele unternehmensinternen Initiativen, für die Vorteile von Kooperation zu werben. Zum Beispiel durch inspirierende Geschichten. Bücher von erstrebenswerten Beispielunternehmen werden verteilt, Start-ups besucht, Dokumentationen angeschaut.

Noch besser sind natürlich eigene Erfahrungen, so heißt es. Wer mal erlebt hat, wie sich echte Kooperation anfühlen kann, der wird nie wieder ohne sie sein wollen. So wie ich damals bei der Bundeswehr. Hätte jeder meine Erfahrung gemacht, dann wären wir sicher alle vom Wunsch nach Kooperation durchdrungen. Und deshalb würden wir alle kooperieren, denn alles andere wäre ja doof.

Es wird ein Mindset gefordert, in dem Kooperation ausreichend Platz findet. In World Cafés und Open-Space-Veranstaltungen wird erlebbar gemacht, wie toll Kooperation sich anfühlt. Und je mehr Mitarbeiter das mal erlebt haben, desto wahrscheinlicher wird die Kooperation im Alltag.

Stimmt's?

Ich denke nicht!

Kooperation kann jeder.

Das zu lösende Problem ist nicht der Mangel an Selbsterfahrungen mit gelungener Kooperation und schon gar nicht die Abwesenheit eines Bekenntnisses zur Kooperation. Niemand muss Kooperation verstehen, lernen oder einüben.

Das lässt sich zum Beispiel daran erkennen, dass Menschen in anderen Kontexten ständig kooperieren, sei es beim Sport, in der Kinderbetreuung oder der Kirchengemeinde.

Das Problem ist ein anderes: In den meisten Unternehmen lohnt sich Kooperation einfach nicht. Ja genau, sie lohnt sich nicht. Sie schadet manchmal sogar. Und deshalb wird sie unterlassen. Ganz abstrakt, weit weg vom Betriebsalltag, im Management Cockpit, dort wo über Kooperationsinitiativen entschieden wird, klar, da erscheint Kooperation natürlich immer sinnvoll. „Wir müssen einfach alle mehr Hand in Hand arbeiten, dann werden wir auch erfolgreicher". Wer soll dagegen schon anreden?

Wer den Mangel an Kooperation verstehen will, muss aber vor Ort sein. Dort, wo die echte Arbeit geleistet wird. Dort, wo Wertschöpfung stattfindet – zwischen den Gitterboxen, in den Videokonferenzen und den Kundengesprächen. Dort, wo die Musik spielt. Doch dort, am Ort des Geschehens, dort lohnt sich Kooperation oft nicht oder nur sehr eingeschränkt.

Die Quelle des geringen Kooperationsnutzens findet man typischerweise in Organisationsstrukturen und Management-Instrumenten, die von der Arbeit ablenken. Obwohl sie der Arbeit dienen sollen, binden sie wertvolle Aufmerksamkeit und erweisen der Wertschöpfung damit einen Bärendienst.

Damit das greifbarer wird, hier zehn prototypische Beispiele.

Beispiel 1: Kennzahlen und Zielsysteme

Wann immer Mitarbeiter an der Erreichung von Zielen (z.B. mittels MbOs, OKRs, Performance-Management-Systemen etc.) gemessen werden, ernten sie ein zusätzliches Problem. Neben ihrem eigentlichen Problem, nämlich gemeinsam mit Kollegen zur Erzeugung von Kundennutzen beizutragen, müssen sie zusätzlich ein Ziel erreichen oder eine Kennzahl im Blick behalten. Ein an der Zielerreichung heftender Bonus verstärkt diesen Effekt.

In einer idealen Welt fällt die Problemlösung mit der Zielerreichung zusammen. In der realen Welt jedoch – in einer dynamischen Welt, um genau zu sein – bewegt sich die Welt schneller, als jedes Ziel es könnte. So verkommt eine gut gemeinte Steuerungsidee zur mechanistischen Management-Illusion.

Das ist so, als bewertete der Trainer seinen Fußballspieler anhand der Torschüsse oder der gelaufenen Kilometer und nicht anhand des ausschließlich subjektiv (!) beurteilbaren Beitrags zum Sieg oder zur Niederlage der gesamten Mannschaft.

Überall, wo es dynamisch zugeht, werden Kennzahlen und Zielsysteme deshalb häufig (wenn auch nicht immer) zu einem der größten Kooperationskiller.

Beispiel 2: Karrierewege

Persönliches Wachstum ist ein Antreiber für nahezu alle Menschen. Anstatt diesem Wachstumsbedürfnis mittels der Projektgröße, des Problemumfangs oder des Qualitätsanspruchs Rechnung zu tragen, der einem Mitarbeiter anvertraut wird, greifen die meisten Unternehmen zur Karriereleiter. Diese ist gegenüber den persönlichen Talenten und Neigungen jedoch indifferent.

Mit anderen Worten: Anstatt Talente mit passenden Problemen zu versorgen, sodass Unternehmen und Talente profitieren, werden alle mehr oder weniger stark über einen normierten Kamm geschert.

Wachstum wird mit dem Aufstieg in der Karriereleiter gleichgesetzt. Da dieser Aufstieg nicht beliebig wirken darf, müssen Mitarbeiter anhand von pseudo-objektiven Kriterien verglichen werden.

Das erzeugt Wettbewerb um die Sprossen der Leiter und lenkt ab von der eigentlichen Arbeit, um die es gehen soll. Karriereleitern sind also nahezu immer ein Instrument, das Kooperation stört.

Beispiel 3: Verursachungsgerechte Zeiterfassung

Wo Arbeitszeit erfasst wird, wird sie nicht selten auch einem Kostenträger zugeordnet. In der Hoffnung im Controlling-Cockpit eine Objektivität hinsichtlich der Produktivität des Unternehmens zu gewinnen, buchen Mitarbeiter ihre geleisteten Arbeitsstunden vermeintlich verursachungsgerecht.

Mit diesem Eingriff hat Kooperation plötzlich einen Preis: „Auf welches Projekt kann ich denn meine Stunden buchen?"

Wer keine Projektnummer bieten kann, ist darauf angewiesen, dass der Helfer bereit ist, sich selbst zu gefährden. Denn der Kollege, der hilft, verliert mit seiner Hilfe in der Produktivitätsbilanz an Ansehen. Ein weiterer Grund, Kooperation zu unterlassen.

Beispiel 4: Erwartung an Methodentreue

Wenn sich Unternehmen zur Einführung von Methoden wie Scrum, Kanban, 5S o.ä. entscheiden, dann geschieht das häufig ohne ein gründliches Problemverständnis: „Wenn alle Unternehmen agile Methoden einführen, kann es uns ja nicht schaden."

Doch jede Methode, die eingeführt wird, ohne zu verstehen, welche Probleme sie ganz konkret lösen soll, wird zum Selbstzweck. Im Fokus steht dann die Frage, wie man die Methode „richtig" anwendet: „Das darf der Scrum Master nicht machen. Das ist nicht seine Rolle."

Schnell wird die Methodentreue zur relevanten Kommunikationsreferenz. Damit rückt erneut Kooperation bezüglich der Wertschöpfung in den Hintergrund. Die guten Mitarbeiter sind die, die sich an die Methoden halten. Ein möglicher Kooperationskiller!

Beispiel 5: Beurteilungssysteme

Zu den Zielsystemen, die sich auf die Ergebnisse der Arbeit beziehen sollen, gesellen sich zunehmend Beurteilungssysteme, die auf die Mitarbeiterkompetenzen abstellen, insbesondere die „weichen Kompetenzen".

Neben der Arbeit müssen Mitarbeiter nun auch den Eindruck im Blick behalten, den sie bei Vorgesetzten, Kollegen und Mitarbeitern hinterlassen könnten. Jede Entscheidung, jedes Verhalten, jede Mitteilung muss zwar nicht, könnte aber zu einer besseren oder schlechteren Beurteilung führen. Mitarbeiter als Insassen eines betrieblichen Panoptikums.

So wie man in der Schule gelernt hat, dass man am besten durchkommt, indem man für die Noten lernt, so beeinflusst die Anwesenheit von Beurteilungssystemen das Verhalten maßgeblich.

Häufig rückt daraufhin Kooperations-Theater in den Vordergrund. Irgendwann fällt es schwer, zwischen echten Kooperationsversuchen und inszenierter Kooperation zu unterscheiden. Das schürt Misstrauen und lässt die Bereitschaft zur Kooperation abermals schwinden.

Immerzu wird dabei mitgedacht, ob das eigene Verhalten Erwartungen enttäuschen könnte, die sich auf die Beurteilung auswirken. So hilft man der Abteilungsleiterin womöglich aus, obwohl es ein Kollege dringender gebrauchen könnte. Das mag auch ohne Beurteilungssysteme passieren, aber ein Beurteilungssystem macht es ganz sicher nicht besser.

Beispiel 6: Funktionale Abteilungsstrukturen

Kosten, Qualität, Zeit, Flexibilität, Markenimage – diese und weitere Interessen müssen Unternehmen ständig aufeinander abstimmen. Das Ergebnis sind Entscheidungen.

Wenn sich die Welt langsam dreht, muss selten entschieden werden. Die konventionelle Organisationstradition sucht deshalb im Unternehmen nach sich ähnelnden Tätigkeiten und fasst diese in nach Funktionen geteilten Abteilungen zusammen. Innerhalb dieser Abteilungen gehen die oben genannten Interessen auf.

So repräsentiert eine Einkaufsabteilung prototypischerweise Kosteninteressen, während eine Qualitätsabteilung sich für Qualität verantwortlich fühlt usw. Das Ziel der Übung: Effizienz. Die auf das Unternehmen wirkenden Interessen begegnen sich nun also an den Abteilungsgrenzen. Das stellt im Routinefall kaum Probleme dar. Nach einmaliger Einigung muss zwischen den Abteilungen nicht kooperiert werden. Das Arbeiten nach vereinbarten Prozessen und Übergabepunkten reicht, damit am Ende etwas Brauchbares aus dem Unternehmen purzelt.

Dreht sich die Welt aber schneller, so wie heute nahezu überall üblich, müssen die vielen Interessen häufiger neu abgewogen werden. Deshalb steigt der Bedarf an abteilungsübergreifender Kooperation.

Dieser Kooperation steht die Abteilungsstruktur nun selbst im Weg, denn jede Abteilung hat Anreize „ihre" Interessen zu verteidigen. Kooperation wird erschwert bzw. unwahrscheinlicher und muss auf informelle Strukturen ausweichen.

Die Folge sind Reibungsverluste, Kooperationsmüdigkeit und die ständige Notwendigkeit zum steuernden Zentraleingriff.

Beispiel 7: Fehlende Erfolgsaussichten

Ein aussichtsloses Geschäftsmodell, ein kränkelnder Markt, eine diffuse Strategie – alles, was die Hoffnung auf gemeinsamen Erfolg dämpft, macht Kooperation unwahrscheinlicher oder sogar unnötig.

Eine Fußballmannschaft, deren Saisonschicksal bereits besiegelt ist, braucht nicht mehr trainieren. Das Training fühlt sich unnötig an. Es lohnt sich nicht. Wozu auch?

In Unternehmen ist das ähnlich: Ohne Erfolg oder Erfolgsaussichten lassen sich Mannschaften nur schwer stiften. Kooperation ist kein Selbstzweck. Wenn also kein Zweck erkennbar ist, kommt Kooperation auch nicht in Fahrt. Sie hat keinen Anlass; kein Problem, das sie lösen könnte. In so einer Situation verkommt jeder Versuch des Teambuildings dann unmittelbar zur Zynismusbeförderung.

Beispiel 8: Stellenbeschreibungen

Eigentlich dürfte „Dienst nach Vorschrift" keine Beleidigung sein. War es auch lange nicht. Heute ist das anders.

In den ersten Arbeitstagen lernt jeder von uns eine wichtige Lektion: „Wenn du nur tust, was auf deiner Stellenbeschreibung steht, enttäuschst du Erwartungen."

Stellenbeschreibungen können heute nur noch eine grobe Orientierung darstellen. Um zu beurteilen, ob jemand zufriedenstellende Arbeit leistet, taugen sie nichts.

Dennoch wird genau dieser Versuch immer wieder unternommen. Stets anders verkleidet, z.B. als AKVs (Aufgaben, Kompetenzen, Verantwortlichkeiten) oder RACI-Charts, findet der Anspruch an eine möglichst lückenlose und vollständige Stellenbeschreibung immer wieder Einzug in den Betriebsalltag.

Dass dieser Steuerungsversuch das Problem erzeugt, das er vorgibt zu lösen, fällt dabei selten auf. Denn wo nach Schuldigen gesucht wird, verliert die Kooperation gegen den Wunsch nach Selbstschutz.

Beispiel 9: Talentprogramme

Talentprogramme wirken wie Karriereleitern: Sie schaffen eine Wettbewerbsarena, in der potenzielle Talente gegeneinander antreten. Die Jury ist natürlich kein Kunde oder Markt, sondern ein internes Gremium, das nach internen Maßstäben bewertet. Werden Talentprogramme als Aneinanderreihung von Schulungen verstanden, die zwischen den Talenten keinen Unterschied machen, dann unterstellt das Programm zudem, es sei selbst eine bessere Lernumgebung für das Talent, als es der echte operative Wertschöpfungsalltag sein könnte.

Das fördert gerade keine Kooperation, in der Lerngelegenheiten im gegenseitigen Interesse sind, sondern schürt Ressentiment gegenüber den Privilegierten.

Beispiel 10: Überbelastung

Wer nicht an der Grenze zur Überlastung herausgefordert, sondern von einer Herausforderung überlastet ist, schaltet in den Überlebensmodus. Bis wieder ein Gefühl von Kontrolle einsetzt, ist an Unterstützung anderer nicht zu denken.

Wenn es nur wenigen Mitarbeitern so geht, kann Kooperation darüber hinweghelfen. Geht es allen so, schaltet die ganze Organisation in den Ausnahmezustand.

Ich habe Unternehmen bereits an ihrem Erfolg zugrunde gehen sehen. Mein Unternehmen segelt regelmäßig gefährlich nahe an der Belastungsgrenze. Da muss man aufpassen.

Manchmal kann man durch die Absage eines Projektes die

Kooperation sichern oder gar retten. Unternehmerische Filter, wie z.B. eine ausreichend enge Strategie, können ebenfalls helfen.

Hätten wir 2002 am Rande der Elbe noch zwei weitere Tage mit ähnlich wenig Schlaf ertragen müssen, wäre die Kooperation vermutlich zum Erliegen gekommen.

Ach ja, der Deich...

Bevor ich es vergesse: „Unseren" Deichabschnitt in Wittenberg konnten wir gerade so absichern. Es gab Auszeichnungen, Besuche von hochrangigen Politikern inklusive des damaligen Verteidigungsministers, Peter Struck, Zusatzurlaub und Leistungszulagen. Und ja, das war alles ganz nett.

Doch das sichtbare Ergebnis war selbst das wichtigste Feedback und das ständige Triebrad der Kooperation während dieser heißen Sommertage im August 2002.

In der Regel gilt: Wer sein Unternehmen auf externe Referenzen ausrichtet, wird von Kooperation belohnt, weil sich Kooperation dann lohnt.

Hmmm...

Natürlich ist die betriebliche Praxis meine primäre Lernumgebung. Doch auch die Rückmeldungen, die mich zu meinen Beiträgen erreichen, regen mich stets an, mich weiterzuentwickeln. So auch bei diesem Beitrag, den ich ausschnittsweise als Beitragsreihe in LinkedIn unter dem Hashtag #koopera-

tionskiller veröffentlicht habe. Die vielen Kommentare haben mich zu der einen oder anderen kleineren Anpassung des Textes veranlasst. Besonders herausstellen möchte ich dabei zwei Aspekte:

Kennzahlen und Zielsysteme sind der Kooperation natürlich nicht grundsätzlich abträglich. Es kommt immer auf den Einzelfall an. Große Empörung gab es, weil ich OKRs (Abkürzung für eine Methode namens „Objectives & Key Results") in einen Topf mit klassischen Zielsystemen geworfen habe. Im Grunde bleibe ich bei dieser Klassifizierung, denn sowohl klassische Zielsysteme als auch OKRs werden ständig als neuer Schlauch genutzt, um darüber hinwegzutäuschen, dass es sich um alten Management-Wein handelt. Dieser Wein geht irrtümlicherweise davon aus, dass interne Anreize dazu in der Lage wären, besser mit einer dynamischen Marktumgebung umzugehen, als wenn der Markt selbst als Referenz dient. Dennoch räume ich ein, dass Zielsysteme natürlich in weniger dynamischen Umfeldern nach wie vor nützlich sind und dieser Kooperationskiller kein grundsätzlicher ist, sondern ein potenzieller. Das gilt auch für die anderen neun.

Dankbar bin ich außerdem für den wiederholten Hinweis, dass die Unterscheidung zwischen der Arbeitszeiterfassung („Stempeln") und der verursachungsgerechten Zeiterfassung („Stundenbuchung") zu kurz kam. Beide können schädlich sein, jedoch auf ganz unterschiedliche Weise. Das Stempeln kann zur Verantwortungsabgabe anreizen, während die projektbezogene Stundenbuchung wertschöpfungsrelevante Tätigkeiten unwahrscheinlicher macht, wenn sie keinem „produktiven" Kostenträger zurechenbar sind.

7 Anonyme Mitarbeitererniedrigung

Gut gemeint, jedoch langfristig zynismusbefördernd

Als ich ein Kind war, gab es bei uns in Isselhorst bei Gütersloh ein jährliches Ritual: Am 6.12. fanden sich ein paar befreundete Familien mit ihren Kindern zusammen, um den Nikolaus zu empfangen. Jedes Kind hatte zuvor ein paar Geschenke auf einen Wunschzettel geschrieben.

Der Nikolaus zog reihum einen Namen aus seinem großen Sack. Als ich dran war, durfte ich mich neben den Nikolaus setzen und eine kleine Zusammenfassung des Jahres über mich ergehen lassen: hauptsächlich Lob versteht sich. Die Geschichten hatten meine Eltern geliefert, klar. Und am Ende gab es dann die Wohltaten vom Nikolaus: ein paar Geschenke und Süßigkeiten.

Ein ebenso beliebtes wie gängiges Management-Instrument erinnert mich oft an diese Geschichte, denn die Ähnlichkeit ist frappierend. Es kommt ganz unschuldig daher, geradezu wohlwollend und in jedem Fall verantwortungsbewusst. Ein Instrument, das eigentlich immer eingesetzt wird, weil man voller Überzeugung etwas Gutes für die Mitarbeiter tun möchte.

Die Rede ist von anonymen Mitarbeiterbefragungen und Zufriedenheitserhebungen. Entgegen aller Intuition verstärken diese nahezu immer das Problem, das sie lösen sollen.

Zunächst zur Analogie: Der Nikolaus ist natürlich das Management, die Kinder sind die Mitarbeiter, die Wünsche sind die Texte in den Freifeldern der anonymen Mitarbeiterbefragungen und die Geschenke sind die Wohltaten, die das Management anschließend „austeilt".

Aber wieso soll das schädlich sein? Dafür gibt es drei wesentliche Gründe.

Grund Nr. 1: Die anonymen Mitarbeiterbefragungen distanzieren das Management von den Mitarbeitern.

Der Nikolaus ist eine Autorität. Dem stelle ich keine Ideen vor oder diskutiere mit ihm meine Probleme. Nein, von dem Nikolaus kann ich mir was wünschen und auf seine Wohltaten gespannt sein. Meine Wünsche werden nicht immer erfüllt. Und werden sie es, dann trifft der Nikolaus trotzdem nicht immer meinen Geschmack. Aber was soll ich machen, es ist halt der Nikolaus.

Anonyme Mitarbeiterbefragungen sind eine Autoritätsinszenierung. Sie verstärken unnötigerweise einen ohnehin existierenden Unterschied. Und wenn er noch nicht besteht, wird er durch die Befragung erzeugt. Sie bauen eine Distanz zwischen dem Management und den Mitarbeitern auf.

Woher kommt dieser Unterschied? Ganz einfach: Jede Befragung benötigt eine fragende und eine befragte Partei. Es muss also zunächst eine Rollenverteilung vorgenommen werden. Das ist der erzeugte Unterschied.

In der impliziten „Rollenbeschreibung" der Fragenden (Management) steht, dass sie ihre Verantwortung für das Unternehmen demonstrieren sollen. Sie sollen achtsam zwischen Interessen der Wirtschaftlichkeit und Interessen der Mitarbeiter balancieren – als befänden sich diese in einem ständigen Widerspruch. Sie erheben sich somit zu den Alleinverantwortlichen.

In der impliziten „Rollenbeschreibung" der Befragten (Mitarbeiter) steht hingegen, dass sie nun eine Art Meldepflicht haben und sie sich fortan nicht mehr selbst für Veränderungen verantwortlich fühlen müssen. Das machen ja jetzt „die da oben", in Abwägung aller von den Befragten zurückgemeldeten Angaben.

Gesagt wird: „Wir wollen unseren Mitarbeitern Gehör verschaffen. Wir wollen wissen, was sie umtreibt. Was wir verbessern müssen". Das klingt nach Stimmrecht.

Dieses Recht auf ein offizielles Gehör in der Umfrage (Wunschzettel) ist jedoch in Wirklichkeit eine herabsetzende Reduzierung auf eben diese Stimme. Wer jemandem das Wort erteilt, sagt nämlich implizit, dass der dieses Recht vorher nicht hatte. Dass er erst durch die Gnade des Fragenden (Management) eben dieses Recht erhält. Das ist nichts anderes als ein Spiel der Autoritäten und hat damit den von mir vielfach beklagten Infantilisierungs-Charakter.

Noch einmal anders: Es scheint paradox, doch auf diese Weise wird den Mitarbeitern durch das Recht einer offiziellen Stimme ihre eigentliche Stimme entzogen. Sie werden implizit zu Empfängern von Management-Wohltaten erniedrigt.
Das mag dir wie ein überzogenes Urteil erscheinen, aber wenn man die Sache einmal von Anfang bis Ende durchdenkt, die Praxis beobachtet, Interviews mit Mitarbeitern und Managern

führt sowie die Entwicklungen in einer Organisation im Zeitverlauf unter die Lupe nimmt, dann erkennt man immer wieder, wie (anonyme) Mitarbeiterbefragungen schleichend eine Kluft zwischen Management und Mitarbeitern etabliert.

Und so werden aus Ideen, die Mitarbeiter früher wie selbstverständlich eingebracht haben, Wünsche und Missstandsbekundungen.

„Was denn noch alles?", denkt sich das Management beim Lesen der Auswertung. „Tun wir denn nicht schon genug? Undankbares Pack." Aber irgendwie muss man ja reagieren. Man kann das Ergebnis der Abfrage nicht einfach unkommentiert im Raum stehen lassen. Also wird reagiert.

Aus der großen Distanz zur Wertschöpfung ist es für das Management jedoch schwer einzuschätzen, welche Maßnahmen die richtigen sind. Und so wirken die Reaktionen für die Mitarbeiter meist entweder wie überzogene Symboltaten oder wie eine Vernachlässigung der Manager-Pflicht.

Selten treffen die Reaktionen den echten Bedarf. Die „Geschenke" schmecken den Mitarbeitern nicht. Der Zynismus setzt ein, und die Distanz nimmt weiter zu.

Nicht selten mündet dies in einem Teufelskreis, an dessen Ende der Tatbestand des vermeintlich realitätsfernen Managers (aus Sicht der Mitarbeiter) und der verantwortungslosen Mitarbeiter (aus Sicht der Manager) vorliegt.

Grund Nr. 2: Zufriedenheitserhebungen erheben gar nicht die Zufriedenheit.

Ein weiteres Problem ist, dass die Messung der Zufriedenheit eine Unmöglichkeit darstellt. Denn Zufriedenheit ist ein Gefühl und damit entzieht es sich der Messbarkeit, entgegen beispielsweise der Herzfrequenz oder der Körpertemperatur.

Außerdem ist Zufriedenheit zeitlich sehr instabil. Angenommen, man könnte sie messen, müsste man sie quasi durchgehend messen. Das tun neuerdings auch manche Anbieter. Was das Problem jedoch nicht löst.

Schließlich ist Zufriedenheit ein Ergebnis multipler Faktoren, sodass es mir selbst kaum möglich ist, die Bedingungen am Arbeitsplatz eindeutig meinen Gefühlszuständen zurechnen zu können.

Aber nur mal angenommen, wir blendeten das bereits Genannte einfach aus. Nur mal angenommen, es wäre eben doch möglich, die Zufriedenheit zu messen. Dann, ja dann hat man die Rechnung immer noch nicht mit dem Kontext gemacht.

Zufriedenheitsanalysen werden nämlich immer im Kontext beantwortet. D.h., dass jede Antwort auf dem Umfragebogen in Wirklichkeit als ein an den Urheber der Umfrage adressiertes Urteil zu verstehen ist. Man antwortet immer schon im Hinblick auf die Erwartung, was mit den Antworten passieren wird (siehe Grund 1).

Grund Nr. 3: Mitarbeiterzufriedenheit ist kein guter Ratgeber für ein Unternehmen.

„Wenn die Mitarbeiter zufrieden sind, dann ist das Unternehmen erfolgreich" höre ich oft. So wie der Satz dort steht, ist per se nichts an ihm auszusetzen. Tatsächlich haben erfolgreiche Unternehmen meist zufriedene Mitarbeiter.

Blöderweise machen viele aus dieser Beobachtung jedoch eine umgekehrte Kausalität. Sie sagen also: „Wenn wir die Mitarbeiter zufrieden machen, dann werden wir auch erfolgreich". Und das ist Quatsch. Weniger salopp: Das widerspricht allen anerkannten organisationssoziologischen Erkenntnissen.

Ein Unternehmen, das seine Entscheidungen von dem Zufriedenheitsniveau der Mitarbeiter abhängig macht, sorgt für eine schleichende Verblödung der Organisation gegenüber seiner Umwelt (also dem Markt).

Andersherum wird ein Schuh draus. Die Zufriedenheit der Mitarbeiter spiegelt ihre Möglichkeit wider, sich möglichst unbehindert für den gemeinsamen Erfolg einsetzen zu können und den Eintritt desselben zu beobachten. Der Erfolg („wir waren wirksam") bzw. die Erfolgsaussicht („wir werden wirksam sein") macht also glücklich.

Deshalb müssen an erster Stelle immer die Bedingungen für „gute" Wertschöpfung geschaffen werden. Darin besteht die unverzichtbare Aufgabe des Managements. Das Management schafft den Rahmen, in dem Wertschöpfung möglichst verschwendungsarm stattfinden kann. Wenn das gelingt, folgt die kollektive Zufriedenheit in der Regel als Spiegel dieser Errungenschaft.

Hier machen einem die Zufriedenheitserhebungen jedoch einen Strich durch die Rechnung. Denn der Messversuch eines Zufriedenheitsniveaus verpflichtet ja gerade dazu, auf die Ergebnisse zu reagieren (siehe Grund 1). Die von den Mitarbeitern beklagten Mängel werden zum Anlass der Veränderungsarbeit. Nun kommt verschlimmernd hinzu, dass ja leider selten nach den Details der Wertschöpfungsbedingungen gefragt wird, sondern eher nach dem Verhalten der Führungskräfte, der Zusammenarbeitskultur, den Loyalitätsgefühlen gegenüber dem Unternehmen etc.

So verschiebt sich die Aufmerksamkeit vom Außen (Kundenzufriedenheit) zum Innen (Mitarbeiterzufriedenheit). Die Wertschöpfungshygiene wird zugunsten der Sozialhygiene vernachlässigt.

Das ist eine gefährliche Entwicklung, die langfristig schadet und sowohl die Kunden- als auch die Mitarbeiterzufriedenheit in Mitleidenschaft zieht.

8 Ruderbruch in Zahlen

Boni: Schädlich und trotzdem nicht loszukriegen – warum?

Viele Kinder bekommen als Belohnung für den Zahnarztbesuch ein Eis. Das war bei mir manchmal auch so.

Die bewusste und gewünschte Funktion dieser gut gemeinten und milden Form der Bestechung besteht in der Manipulation des Willens. Kinder wollen zwar nicht zum Zahnarzt, aber ein Eis ist es wert. Stellt man dem Kind die Belohnung in Aussicht, steigt die Wahrscheinlichkeit, dass es danach handelt. Das nennt man extrinsische Motivation (oder auch Motivierung). Nennen wir diesen Effekt mal den Eiscreme-Trick.

Die Analogie zu den individuellen Bonuszahlungen liegt auf der Hand. Mit ihnen versuchen Unternehmen Mitarbeiter anzureizen und für eine leistungsgerechte Entlohnung zu sorgen. Das Problem ist nur, dass der Eiscreme-Trick Unternehmen schadet.

Obwohl diese destruktive Wirkung seit nunmehr ca. 60 Jahren bekannt und sowohl wissenschaftlich wie empirisch nachgewiesen ist, hat sich die Praktik dieser Dressurversuche in verschlimmbessernder Manier zu noch komplizierteren Performance-Management-Systemen weiterentwickelt. In einigen Unternehmen benötigt man einen Doktortitel, um die Logik dieser bürokratischen Selbstverwaltungsmonster zu durchdringen.

Aber wieso um alles in der Welt wird der Eiscreme-Trick dann immer noch eingesetzt? Leistungsabhängige Vergütungssysteme sind immerhin eine der meistverbreiteten Management-Instrumente. Und zwar auch dort, wo man schon um ihre destruktive Wirkung weiß.

Sind die individuellen Boni etwa besser als ihr Ruf?

Nein, gewiss nicht.

Es stimmt, individuelle Bonuszahlungen sind in nahezu jeder Hinsicht schädlich. Und weil ich oft gefragt werde: Ja, auch und insbesondere in Form der Vertriebsprovisionen. Eine Vertriebsprovision macht einen Vertriebler vom Mitarbeiter zu einem externen Dienstleister, der Umsatz an das Unternehmen verkauft. Wenn ihr also noch keine individuellen Boni einsetzt, solltet ihr daran auch nichts ändern.

Die Alternative zur individuellen Anreizung ist im Übrigen die Beteiligung. Höchstleistungsunternehmen verteilen beispielsweise am Ende eines Zeitabschnitts einen Teil des gemeinsam erwirtschafteten Ergebnisses an alle Mitarbeiter, ohne jede Leistungserhebung.

Zurück zur Frage: Warum hält sich der Eiscreme-Trick so hartnäckig? Einer der Gründe ist seine Sekundärfunktion. Eine Sekundärfunktion, die auch zwischen Mutter und Kind zum Tragen kommt.

Diese zweite und meist unbewusste Funktion der Anreizung sieht man erst bei genauerem Hinsehen: Sie (also die Anreizung) nimmt ein sogenanntes asymmetrisches Beziehungsverhältnis in Gebrauch. Die Mutter kann das Kind auf die oben beschriebene Weise manipulieren, das Kind die Mutter aber nicht.

D.h. mit jedem Akt der Bestechung führen sich Mutter und Kind gegenseitig die Machtverhältnisse in ihrer Beziehung vor Augen. Das sorgt für deren Stabilisierung. Und jeglicher Destabilisierungsversuch dieser Asymmetrie provoziert eine Abwehrreaktion.

„Mutti, ich mag kein Eis mehr. Und ab sofort lasse ich mich auch nicht mehr bestechen." Das würde in den meisten Familien Empörung auslösen, ganz gewiss.

So wie es in der Familie zur Empörung kommt, wenn der Bengel die Eis-Askese verkündet, so kann ein plumper Abschaffungsversuch der Boni auch eine entsprechende Reaktion im Unternehmen auslösen.

Diese Empörung nenne ich den Ruderbruch-Effekt.

Der Ruderbruch-Effekt

Unsere Vorstellung von Organisationen ist gemeinhin die eines Gestaltungsgegenstandes. Ein Ding. Ein Etwas. Das Schiff ist eine beliebte Analogie.

Diese Beliebtheit hat im Wesentlichen wirtschaftsgeschichtliche Gründe. Denn zu Zeiten der Industrialisierung konnte man ein Unternehmen mit einem Schiff vergleichen, ohne dabei große Fehler zu machen.

Folgt man dieser Schiffsanalogie, sucht man natürlich nach Steuerungsmöglichkeiten. Man sucht nach dem Ruder, das man in der Hand halten kann.

Zielvereinbarungssysteme sind ein solches Ruder. Sie vermitteln den Eindruck der Steuerbarkeit. „Die Mitarbeiter müssen aligned werden", hört man heute neudeutsch zum Beispiel oft. Man legt Ziele fest, misst deren Erreichungsgrad und zahlt auf Basis dieser Erhebung Boni aus. Das ist eine Form des Steuerns.

Die Sache hat nur einen Haken: Unternehmen sind keine Schiffe. Die herkömmliche Betriebswirtschaftslehre vermittelt uns mit der Schiffsanalogie eine Kausalitätsfantasie vor, die den heutigen Marktverhältnissen nicht mehr standhält. Deshalb führt der Versuch, leistungsabhängig zu vergüten, auch regelmäßig ins Desaster. Denn um Leistung individuell zu vergüten, müsste man sie zunächst einmal objektiv messen können. Und genau das scheitert in den komplexen Verflechtungen heutiger Wertschöpfung mit an Sicherheit grenzender Wahrscheinlichkeit.

Deshalb ist die „modernere" BWL inzwischen auf die blöde Idee gekommen, auch die „weicheren" Faktoren ins Kalkül zu ziehen – die viel zitierten Soft Skills. Ohne allerdings von ihrem zentralen Grundpfeiler der Steuerbarkeit abzurücken. So schüttet sie nur Öl auf das Feuer der Steuerungsillusion. Denn was sich der Messung entzieht, kann nicht gesteuert werden. Da beißt die Maus keinen Faden ab.

Die meisten Organisationen erzählen sich also die Geschichte der Steuerbarkeit. Und davon rücken sie auch so schnell nicht ab. Übrigens auch dann nicht, wenn Chefs und Mitarbeiter anderer Meinung sind. Das ist das Dilemma der Selbstläufigkeit sozialer Systeme, von der ich oft spreche.

Wenn jetzt also ein schlauer oder weniger schlauer Poppenborg um die Ecke kommt und etwas von der Abschaffung des Ruders faselt (also z.B. des Zielvereinbarungssystems), dann wehrt die Organisation sich mit Händen und Füßen. Genau das bezeichne ich als den Ruderbruch-Effekt. Er ist die Immunabwehr des Unternehmens gegen Angriffe auf das Narrativ der Steuerbarkeit.

Denn bricht das Ruder, könnte auch am Kapitän gerüttelt werden. Und dann könnte schnell das ganze Kartenhaus vom Zusammensturz bedroht sein. Der Ruderbruch-Effekt dient also der Stabilisierung der sozialen Ordnung im Unternehmen. Diese Stabilisierungstendenz setzt sich auch dann fort, wenn den Mitarbeitern bereits klar ist, dass sie dem Unternehmen schadet. Denn Unternehmen und Mitarbeiter sind nicht dasselbe.

Insofern leisten Zielvereinbarungen und viele verwandte Management-Instrumente eben auch eine die Machtverhältnisse stabilisierende Sekundärfunktion. Deshalb sind sie auch dann nicht loszukriegen, wenn ihre schädliche Wirkung offensichtlich ist.

Was nun?

Taste dich neugierig an deine Organisation heran und versuche herauszufinden, welche Funktion ein Management-Instrument wie die leistungsabhängige Vergütung bei euch tatsächlich erfüllt.

Manchmal wird diese gar nicht ernst genommen. Das Unternehmen hat also bereits einen versöhnlichen Umgang mit ihr gefunden. Man vereinbart die Ziele nur zur Schau, verbringt kaum Zeit mit ihnen und führt sich dennoch vor, wer ihre Erreichung beurteilen darf.

Die destruktive Funktion (Mitarbeiter handelt für das Ziel anstatt situationsgerecht für das Unternehmen) ist also weitestgehend ausgehebelt, während die unbewusste Sekundärfunktion (Stabilisierung der Beziehungs- und Machtverhältnisse) weiterhin erfüllt wird.

In solchen Konstellationen könnte ihre Abschaffung unter Umständen mehr schaden als nützen.

Natürlich ist Machterhalt kein Selbstzweck. Es spricht also nach wie vor vieles für eine Abschaffung von Performance-Management-Systemen – aber niemals ohne die möglichen Kollateralschäden unter die Lupe zu nehmen, die durch die Destabilisierung des sozialen Gefüges ausgelöst werden könnten.

Anders denken

Teil 2: Impulse 9 - 16

9 Nur mit System

Moderne Unternehmensführung
geht besser mit Luhmann

Wenn du dich zur „Zukunft der Arbeit" oder „moderner Unternehmensführung" informierst, wird dir gelegentlich die sogenannte Systemtheorie über den Weg laufen. Was steckt dahinter? Warum lohnt es sich, sie kennenzulernen? Wie kann sie dir in deinem Organisationsalltag helfen?

Wir wachsen in der Regel mit der klassischen Betriebswirtschaftslehre auf. Auch dann, wenn wir sie nicht studieren. Denn sie ist aufs Tiefste mit der „normalen" betrieblichen Praxis verwoben.

Die BWL ist ein leistungsfähiges Werkzeug. Sie beschreibt formale Strukturen, bildet Hierarchieverhältnisse ab, stellt Prozesse, Regeln und Methoden zur Verfügung.

Doch die BWL hat auch große Nachteile. Sie stößt immer dann an ihre Grenzen, wenn sich die Wertschöpfung der Berechenbarkeit entzieht. Immer dann also, wenn Überraschungen auftreten und deshalb die Kultur der Organisation und die betroffenen Talente den Unterschied machen.

Nicht jedes Werkzeug taugt für jedes Problem. So wie du einen Baum nicht mit dem Hammer fällst, reicht die BWL nicht mehr aus, wenn du Organisationsprobleme lösen musst, die von den satten und dynamischen Märkten des 21. Jahrhunderts ausgelöst werden.

Da die BWL regelmäßig die einzige Denk- und Handlungs-grundlage für die Organisation und Führung von Unternehmen darstellt, will ich dir ein zusätzliches Werkzeug vorstellen. Ein Werkzeug, mit dem ich heute Probleme lösen kann, die ich frü-her nicht einmal verstanden habe: die Systemtheorie.

Organisationen sind auf der Jagd.

Organisationen stehen heute unter dem hohen Druck, den ihre Wettbewerber auf sie ausüben. Sie sind ständig darauf ange-wiesen, Innovationen hervorzubringen, um für den Kunden wei-terhin eine geeignete Wahl zu sein.

Für dieses „Hinterher-Sein" und „Vorangehen", dieses ständige Jagen, immer auf die nötige Wendigkeit und Weiterentwicklung angewiesen – dafür sind die trägen, bürokratischen Prozesse einer traditionell geführten Organisation nicht ausgelegt. Büro-kratie kann verwalten und erhalten, aber nicht innovieren und erneuern.

Deshalb entstehen heute auch in den konservativsten Konzer-nen „versteckte" Lösungen unter dem Radar. Sie halten das Un-ternehmen unter diesen rauen Bedingungen der kompetitiven Märkte am Leben, während auf der Vorderbühne formales Thea-ter gespielt wird. Die BWL hat für diese brauchbare Illegalität kein erkenntnisförderndes Rüstzeug. Sie ist für den dynamischen Teil der Wertschöpfung nicht ausgelegt. Dafür ist sie blind. Dabei gewinnt diese Informalität zunehmend an Bedeutung.

Es braucht also etwas anderes. Eine passende Theorie. Etwas, das geeignet ist, die Phänomene in Dynamik-geplagten Unter-nehmen besser zu erklären und daraufhin lösen zu können.

Die sogenannte Neue Systemtheorie des 1998 verstorbenen Soziologen Niklas Luhmann ist eine solche Theorie. Sie stellt ein Erklärungsmodell für soziale Systeme zur Verfügung und lässt damit auch einen geradezu revolutionär neuen Blick auf Unternehmen zu.

Unternehmen bestehen nicht aus Menschen.

Ein Unternehmen besteht nicht aus Menschen? „Ist der Mark komplett verrückt?", fragst du dich womöglich. „Wenn man in so ein Unternehmen reinspaziert, was findet man denn da? Menschen. Na also."

Ja, vordergründig scheint das so zu sein. Der Ansatz der Systemtheorie besteht jedoch darin anzunehmen, dass der Mensch eben gerade nicht Teil des Unternehmens ist. Stattdessen stellt man sich vor, eine Organisation sei ein lebendiges und operativ geschlossenes System. Ein System also, das ein Eigenleben führt.

Ein Eigenleben zu führen, heißt, dass sich die Vorgänge eines Systems ständig selbst erzeugen – also nicht von außen bestimmt oder in Gang gebracht werden. In der Fachsprache nennt man dies Autopoiese – „sich selbst machen".

Dabei sind diese sich selbst erzeugenden Vorgänge in einem sozialen System, wie einem Unternehmen, Kommunikationsereignisse. Niklas Luhmann nimmt an, eine Organisation bestehe nur aus Kommunikationen und eben nicht aus Menschen.

Solange ein System die Kommunikation fortsetzen kann, lebt

es. Gelingt die Kommunikation in einer Organisation nicht mehr, hört sie auf zu existieren. Klingt komisch, hilft aber beim Denken.

Fliegen flüchten bewusstlos.

Die Organisation hat selbst kein Bewusstsein und damit keine Absichten. Sie kommuniziert sozusagen bewusstlos vor sich hin. Dabei dienen vergangene Kommunikationsoperationen als Ausgangspunkt für nachfolgende.

Wie ein Verdauungssystem, das vor sich hinverdaut, ohne sich dabei einer fremden Ordnung zu unterziehen. Ich kann zwar entscheiden, was ich esse, aber nicht wie ich verdaue. Ähnlich ist es bei Kommunikationssystemen. Ich kann zwar entscheiden, was ich mitteile, nicht jedoch, welche Kommunikation daraus wird.

Überhaupt vergleiche ich Organisationen gerne mit biologischen Organismen. Nehmen wir eine Fliege. Eine Fliege fliegt nicht weg, weil sie die Fliegenklatsche auf sich zu schnellen sieht und denkt: „Oh, ich sollte jetzt wohl lieber wegfliegen, weil ich überleben will." Stattdessen reagiert ihr Körper unbewusst auf diesen Außenreiz, weil das Wegfliegen in der Vergangenheit das Überleben gesichert hat.

Plump formuliert, gab es auch mal Fliegen, die nicht weggeflogen sind. Doch diese sind schnell ausgestorben. Die Evolution hat also nur die Fliegen übrig gelassen, denen das Überleben besser gelang, weil sie zufällig diese Reaktion – wegfliegen, wenn etwas auf sie zurast – entwickelt haben.

So ähnlich ist es auch mit der Organisation. Eine Organisation setzt Kommunikationsereignisse fort, die mit dem Überleben vereinbar waren. So wie ein Tier an seinen Lebensraum ange-passt ist, wird ein Unternehmen von seiner relevanten Markt-umgebung „erzogen". Wäre das nicht so, wäre das Unterneh-men bereits verschwunden.

Wo bleibt der Mensch?

Auch Menschen versteht die Systemtheorie als Systeme. Grob gesprochen, besteht ein Mensch aus zwei wesentlichen Syste-men: Körper und Psyche. Beide sind füreinander Umwelt. Und ein Unternehmen wiederum ist Umwelt für Körper und Psyche.

Das kann man sich vorstellen wie ein Schachspiel. Die Organisa-tion ist das Spiel – mit all seinen Spielfiguren und Regeln. Doch die Organisation besteht – wie das Schachspiel – nicht aus den Spielern. Ohne die Spieler kann das Spiel zwar nicht gespielt werden, aber die Spieler sind weder Bestandteil noch Autoren des Spiels. Das Drehbuch gibt's schon. Die Regeln sind klar.

Wenn sich die Spieler jetzt an den Spieltisch begeben und das Spiel beginnen, dann tun sie das als Spieler A und Spieler B. In diesem Rahmen ist es komplett egal, was sie sonst noch für Hobbies oder Überzeugungen pflegen. Für das Spielgeschehen ist immer nur ein kleiner Teil jedes Spielers relevant – ein Aus-schnitt seiner Fähigkeiten. Man könnte auch sagen: Das Spiel instrumentalisiert die Spieler, um gespielt werden zu können.

So blicke ich auch auf Unternehmen. Mitarbeiter sind für eine Organisation nur Erfüllungsgehilfen. Klingt unmenschlich, ist es aber nicht. Außerdem geht es weder um schön oder hässlich noch gut oder schlecht, sondern nur darum, ob dir die System-theorie beim Verstehen nützlich sein kann.

Tausche Mensch gegen Person.

Du und ich sind nie Teil eines sozialen Systems und dennoch haben wir im sozialen System eine Adresse. Diese Adresse ist unser Name inklusive der an diesem Namen haftenden Vor-urteile. Man nennt diese vom System erzeugte Repräsentanz, dieses Symbol unserer selbst, eine Person.

Eine Person kannst du dir vorstellen wie eine Maske, die uns die Organisation zur Verfügung stellt und durch die wir hin-durchtönen (lat. personare). Deine Psyche stellt sich der Orga-nisation also nicht selbst zur Verfügung, sie dient vielmehr als Referenz einer kommunikativ konstruierten Person. Die Person ist demnach Teil des Systems, während die Psyche ein korres-pondierendes System in der Umwelt der Organisation darstellt. Folglich erzeugt sich jedes System seine eigene Maske von uns, die nicht nur von unserer Psyche, sondern auch im erheb-lichen Maße von den Eigenschaften des Systems geprägt wird. Du beobachtest also eine Vielfalt von Repräsentationen deiner selbst, denn jedes System bildet seine eigene.

Diese Masken liefern dabei auch soziale Erwartungen an, die dein Verhalten beeinflussen. Wenn ich die Maske „Fußballfan im Stadion" aufhabe, darf ich Bier trinken und herumgrölen. Wenn ich mit meiner Maske als Repräsentant einer Bank unter-wegs bin, lasse ich Biergenuss und Grölen lieber sein.

Die Schlechten ins Kröpfchen, die Guten ins Töpfchen

Sei es beim Schachspiel oder in einer Organisation – jedes Spiel hat seine Regeln. Wie der Spieler beim Schachspiel dienen den Mitarbeitern im Unternehmen diese impliziten und expliziten Regeln als starke Referenz.

Der Schachspieler sucht sich streng genommen nicht aus, wie er die Figur setzt, sondern die Zugmöglichkeiten stehen bereits fest. Und der Turm geht nun mal nur geradeaus. Im Unternehmen sind es die kulturellen Muster und strukturellen Vorgaben, die dieses Spiel entscheidend prägen. Sie gestalten den Handlungsrahmen und reduzieren dabei das Mögliche auf das Wahrscheinliche. Sie legen nahe, wie man sich kleidet, welche Dienstwege einzuhalten sind und welcher Umgangston gepflegt wird.

Viele dieser Regeln haben keinen Autor, sondern entwickeln sich als evolutionäre Folge der vergangenen Ereignisse. Die Kultur im Unternehmen ist wie eine Erinnerung dieser Ereignisse. Wie ein Gedächtnis sammelt sie die Vergangenheit in sich auf und dient auf diese Weise als Kraftfeld für die Zukunft. Jede Kommunikationsoperation ist deshalb auch Ausdruck seiner Vorgänger. „So machen wir das hier halt".

Verletzten Regeln begegnet eine Organisation mit Immunabwehr – so wie ein Körper seinen Immunapparat aktiviert, wenn Fremdlinge einzudringen versuchen.

Wenn ein Mitarbeiter den Chef anschreit oder wenn ein Spieler den Bauern drei Felder vorsetzt, dann passt das eben nicht zum Spiel. Das System reagiert. Der Mitarbeiter muss möglicherweise das Unternehmen verlassen. Und das Schachspiel wird sich voraussichtlich den Normalbetrieb „zurückerringen". Das alles heißt nicht, dass wir tatenlos zuschauen, wie sich ein Unternehmen vor unseren Augen entfaltet. Jeder Mitarbeiter ist eine relevante Umwelt für das Unternehmen und eine ständige Irritationsquelle. Ganz wie jeder Spielzug das Spiel irritiert. Doch weder Spieler A noch Spieler B können wissen, wie ein Spiel sich entfaltet. Es ist immer eine Überraschung für alle, die es beobachten.

Auch hinsichtlich unserer Talente können wir für das Unternehmen eine große Rolle spielen. Dort wo es auf viele Ideen angewiesen ist, bindet das Unternehmen sich stärker an einzelne Mitarbeiter. Wo immer die Kommunikation festen Prozessen folgt, ist die Bindung schwächer. Ein Unternehmen ist in diesem Sinne in einer Co-Evolution mit seinen Mitarbeitern.

Die „stille Treppe" ist passé.

Einmal eingeübt, ist dieser systemtheoretische Blick wie ein Nachtsichtgerät für jeden, der Unternehmen verstehen will. Die Systemtheorie ermöglicht vollständig neue Erklärungsmuster und hilft so bei der Ursachenforschung in konkreten Problemsituationen.

Anstatt die Ursache – wie gewohnt – bei einem Menschen zu suchen, ihm also die Schuld an einem positiven oder negativen Ereignis zuzuschreiben, kann man sich nunmehr auf die Suche nach Kommunikationsmustern machen, die dieses Symptom hervorrufen. Den Menschen auf die „stille Treppe" zu schicken, damit er sein „Fehlverhalten" überdenkt und ändert, wie man es mit Kindern tut, ist nicht nur nutzlos, sondern sogar kontraproduktiv – wie bei Kindern übrigens auch.

Wenn meine Frau sich darüber empört, dass ich ihren Springer schlage, müsste sie sich eigentlich beim Schachspiel beklagen, nicht bei mir. Die Suche nach Mustern im Spiel ist ein zuverlässigerer Lieferant für Verhaltensursachen als die Abgründe der menschlichen Psyche. In jedem im Unternehmen beobachteten Unsinn steckt ein tieferer Sinn. Doch solange man Motive und Präferenzen Einzelner durchstöbert, bleibt dieser unentdeckt.

Das heißt auch: Wer Organisationen ändern will, kann Menschen unverändert lassen. Das macht die Systemtheorie bei genauerem Hinsehen und entgegen verbreiteter Vorurteile zu einer äußerst humanen Sichtweise.

Die Theorie genießt und schweigt.

„Und jetzt? Was mache ich damit?" Du wärst nicht die erste Person, die danach fragt. Die Systemtheorie wird häufig dafür kritisiert, keine handlungsleitenden Empfehlungen bereitzustellen. Oft wird sie gar als Einladung zum Fatalismus verstanden. „Ich bin ja eh nur Umwelt".

Doch hier ist die Erwartungshaltung eine falsche. Eine Theorie kann keinen Rat geben. Eine Theorie ist gerade nicht die Grundlage von Praxis. Sie ist ein Erkenntnisinstrument und ein Werkzeug, um Ideen zu verproben. Das unterscheidet sie vom Rezept.

Eine Theorie kann dir dabei helfen, besser zu verstehen. Und wenn du besser verstehst, kommst du automatisch auf bessere Ideen. Gerade ihre abstrahierende Distanz macht sie zur universellen Allzweckwaffe. Je abstrakter, desto vielseitiger. Die

Theorie selbst schweigt also. Und nützlich ist sie immer nur, wenn du ein ganz konkretes Problem hast.

Dir wird bereits aufgefallen sein: Die Systemtheorie blitzt in jedem Kapitel dieses Buches durch. Sie ist mein ständiger Wegbegleiter durch das Dickicht heutiger Organisations- und Führungsherausforderungen.

Hmmm ...

Schüler der Systemtheorie zu sein, heißt, für immer Schüler zu bleiben. Was mich bei der Stange hält, ist die Wirkung, die ich damit in der Praxis entfalten kann. Mit jedem neuen Unternehmen, das ich kennenlernen darf, erneuert sich meine Neugier für die Theorie. Denn es ist nicht die Theorie, mit der ich die Praxis versuche zu belehren, sondern die Praxis belehrt mich und mein Verständnis der Theorie.

Das kannst du auch an der Entwicklung meiner Texte mitverfolgen. Dieser Artikel ist immer noch als Original im intrinsify-Blog zu finden (https://mpborg.com/systemtheorie) und die Unschärfe mancher Formulierungen lässt mich heute die Hände über dem Kopf zusammenschlagen. Deshalb habe ich den Text für dieses Buch generalüberholt, auch wenn sich am grundsätzlichen Inhalt nichts geändert hat.

In letzter Zeit wird die Systemtheorie populärer. Das geht nicht ohne Qualitätsverluste und Fehlinterpretationen einher. Zwei Missverständnisse stechen dabei besonders heraus:

Erstens wird die Systemtheorie regelmäßig mit der Systemik verwechselt. Die Systemik ist weder besser noch schlechter als die Systemtheorie, aber sie sind nicht dasselbe.

Und zweitens verkommt Systemtheorie zur Methode. Sie wird genutzt, um die Praxis nach irgendeinem Vorbild manipulieren zu wollen und eben nicht, um die Praxis besser zu verstehen. Als an Pragmatismus interessierter Unternehmer ist mir gerade dieses Eingeständnis selbst lange schwergefallen.

Mein Plädoyer: Gerade, wenn du dich selbst auch als Praktiker siehst, wird dir diese Theorie zusagen. Sie lässt uns unsere Denkverantwortung, anstatt uns erzählen zu wollen, wie wir zu handeln haben. Gib ihr eine Chance!

10 Rote Falle

Wer nicht bei 3 auf dem Baum ist, muss sich selbst organisieren

Am 16. Oktober 2020 habe ich in einem Vortrag gebeichtet und meinen Frieden mit Frederick W. Taylor gefunden. Ich hatte ihn stets verteufelt, lange missverstanden und nie gewürdigt.

Ich sprach auf unserem „Future Leadership Alumni Forum" nämlich im Detail über die wahren Absichten und konkreten Ansätze Taylors, der ja bekanntlich als Urvater des Taylorismus gilt. Welche Bedeutung diese Lehren auch heute noch haben, darum geht es in diesem Artikel. Und am Anfang stehen zwei Fallen.

Die Blaue und die Rote Falle

Die Blaue Falle ist eine Bezeichnung einer meiner Mentoren, Gerhard Wohland. Er beschreibt mit der Blauen Falle den Versuch, komplexe Probleme (rot) mit Steuerung (blau) zu lösen. Steuerung ist die zur Nutzung verpflichtende Bereitstellung von Wissen. Komplexe Probleme kannst du mit Wissen alleine jedoch nicht lösen. Deshalb bleibt trotz viel Steuerungsaufwand das Problem ungelöst.

Das klingt abstrakt. Ist es auch. Deshalb ein Beispiel: Ein Lenkungskreis beschließt einen Projektplan mit inhaltlich spezifizierten wie zeitlich terminierten Meilensteinen und konkreten Erwartungen an das Ergebnis inklusive kennzahlenbasiertem Projektcontrolling. Die (implizite) Unterstellung: Wir haben

Wissen über die Zukunft des Projektes. Für neue Projekte gibt es zwar auch Wissen, doch das reicht nicht. Um erfolgreich zu sein, müssen Projekte ständig mit neuen Ideen versorgt werden und ihren Verlauf flexibel anpassen können. Denn ein großer Teil ihrer Zukunft ist nicht bekannt.

Im Korsett des Projektplans bleibt dem Projektteam deshalb nichts anderes übrig, als dem Lenkungskreis Projektmanagement vorzuspielen, während es heimlich am Projektplan vorbei arbeitet. Das gelingt selten und dann nur höchst unwirtschaftlich.

Die Rote Falle ist eine Anspielung auf diese „Blaue Falle". Sie ist der umgekehrte Fall und beschreibt das Lösen bekannter Probleme (blau) mit Ideen (rot).

Wenn euch ein Problem bekannt ist und schon einmal gelöst wurde, dann hättet ihr das dabei entstandene Wissen konservieren können. Tut ihr das nicht oder nutzt das existierende Wissen nicht, dann betreibt ihr Verschwendung. Denn jetzt braucht ihr erneut Ideen für ein bereits gelöstes Problem.

Auch abstrakt! Also wieder ein Beispiel: Die Idee für ein Rad braucht man nur dann ein zweites Mal, wenn man sie sich beim ersten Mal nicht gemerkt hat. Sonst muss man es sprichwörtlich „neu erfinden", das gute Rad.

Vielleicht lieber eins aus der Wirtschaft: Wir führen seit vielen Jahren Ausbildungsgänge durch. Bei diesen Veranstaltungen wiederholen sich viele Probleme: Es braucht Räume mit spezifischen Anforderungen, Moderationsmaterial, Catering, Merchandising-Artikel usw.

Damit wir nicht jedes Mal auf Ideen kommen müssen, wie diese Probleme gelöst werden, konservieren wir die Lösung in Form von Checklisten. So vermeiden wir Verschwendung und heben uns die kreativen Kapazitäten für die Lösung neuer Probleme auf. Wir tappen (bei diesem Beispiel) nicht in die Rote Falle.

Soweit so gut.

Auf der anderen Seite vom Pferd gefallen

Die Blaue Falle gewinnt je nach Branche bereits seit den 70ern an Bedeutung. Mit der zunehmenden Sättigung der Märkte stieg die Dynamik und damit der Anteil der Überraschungen.

Sicherlich ist auch deshalb Agilität heute das Managementthema Nr. 1. Steuerung ist out, Selbstorganisation ist in – schon allein dieser Zeitgeist führt dazu, dass uns Steuerung heute unangenehm altbacken erscheint.

Und genau hier entsteht das Problem: Wenn der Unterschied zwischen Routine- und Kreativarbeit nicht mitgedacht wird, fällt man schnell auf der anderen Seite vom Pferd.

Ich erinnere mich an eine Logistikleiterin, die sichtlich erleichtert war, als ich diese Unterscheidung anbot: „Sagen Sie, heißt das, ich muss in meinem Bereich gar nicht auf Steuerung verzichten und auf agile Teams umstellen?"

Ich durfte „ihren" Logistikbereich ein wenig kennenlernen und dabei feststellen, dass es zwar gelegentlich auch mal eine Idee brauchte, im Kern jedoch Hunderte von bekannten Problemen gelöst werden mussten. Und zwar zuverlässig, effizient und günstig.

Seit einigen Wochen hatte sich die Logistikleiterin (Lagerlogistik) zunehmend schlecht für die vielen Prozesse, Checklisten und Arbeitsplatzstandardisierungen gefühlt, die sie über die Jahre etabliert hatte. Denn auf der letzten Führungskräfte-Tagung hatte sich das Top-Management selbstbewusst für eine neue Ära der Führung ausgesprochen. Zugunsten agiler Prinzipien solle zukünftig auf Anweisung und Kontrolle verzichten werden.

Auch sollten alle Mitarbeiter eine agile Schulung durchlaufen. Das Vorbereiten auf Veränderungen solle der Befolgung eines Plans zukünftig vorgezogen werden, hieß es dort unter anderem. Das klang zwar irgendwie progressiv, hinterließ bei der Logistikleiterin und ihren Mitarbeitern jedoch große Fragezeichen.

Interessiert an möglichst reibungslosen Lagerprozessen, konnten sie sich wenig dafür erwärmen, zukünftig „agil" zusammenzuarbeiten. In erster Linie wollten sie eine Prozesssicherheit gewährleisten und die Effizienz maximieren.

Taylors Ideen: alt, aber zeitlos

So wie wir unsere intrinsify-Future-Leadership-Prinzipien haben, hatte Taylor seine Prinzipien für die wissenschaftliche Betriebsführung. Hier eine etwas sperrig klingende Übersetzung aus dem Original:

1. Wissenschaftliche Analyse von Bewegungsabläufen und genaue Identifikation und Beschreibung des einen besten Weges.

2. Gewissenhafte Auswahl und konsequente Ausbildung der Mitarbeiter auf die Standards und Versetzung/Kün-

digung aller Mitarbeiter, die sich diesen Standards entziehen oder nicht dazu in der Lage sind, sie zu befolgen.

3. Die Zusammenführung des ausgebildeten Mitarbeiters und der erarbeiteten Standards durch das Management und die konsequente Belohnung und Sanktion für die Einhaltung respektive Missachtung dieser Standards.

4. Ein Seite-an-Seite-Arbeiten zwischen den Mitarbeitern und dem Management sowie eine Gleichverteilung ihrer Arbeit und Verantwortung. Durchgehende Unterstützung und Kontrolle durch das Management, um die Einhaltung der Standards zu gewährleisten.

Liest man diese Prinzipien ohne den Kontext, in dem sie entstanden, kann man schnell übersehen, dass Taylor damit den Mitarbeitern, den Unternehmen und der Gesellschaft einen großen Dienst erwies.

Den Mitarbeitern, weil sie

· zwischen 80 und 100% Gehaltserhöhungen erhielten,

· mehr Pausen hatten,

· in Summe kürzer arbeiteten,

· mehr Urlaub genossen,

· von ihrem Management nicht mehr alleine gelassen wurden und

· eine freundschaftliche Beziehung untereinander entwickelten.

Den Unternehmen, weil

- · der ewige Antagonismus zwischen Mitarbeitern und Management ein Ende fand,

- · sie ihre Ressourcen deutlich effizienter einsetzten und

- · so gigantische Produktivitätssprünge und Gewinnzuwächse genossen.

Der Gesellschaft, weil

- · Menschen sich Waren leisten konnten, die vorher nur den Reichen vorbehalten waren,

- · den Menschen mehr Zeit für die Freizeit und ihre Selbstverwirklichung blieb und

- · der allgemeine Wohlstand dramatisch anstieg.

Kaum ein Mitarbeiter, Unternehmer oder Bürger hätte die Verhältnisse vor mit denen nach Taylor tauschen wollen.

Taylors Ideen sind nicht vollständig deckungsgleich mit denen des Taylorismus, doch der Kern überlebte und beschert uns noch heute die Fähigkeit, Routineprozesse zuverlässig steuern zu können.

Täten wir das nicht, würden die Unternehmen mehr Verschwendung betreiben, müssten deshalb geringere Löhne zahlen, würden die Gesellschaft mit teureren sowie weniger vielfältigen Produkten versorgen und wären weniger innovativ.

Seit der Gründung von intrinsify setze ich mich für neue Ansätze der Führung und Organisationsentwicklung ein. Dabei habe ich selbst erst viel zu spät verstanden, dass es um eine Ergänzung des Taylorismus geht, nicht um seine Abschaffung.

Früher hatte der Taylorismus absolute Berechtigung, heute nur noch selektive.

In jedem Fall stellt die undifferenzierte Begeisterung für „das Neue" eine Gefahr für die Wirtschaftlichkeit und das Wohlergehen von Mitarbeitern, Unternehmen und Gesellschaft dar.

Taylorismus selektiv

Wenn du die folgenden Fragen bejahen kannst, ist das ein Indiz dafür, dass es sich um einen steuerungsfähigen Teil der Arbeit handelt, der weder Agilität noch Selbstorganisation erfordert:

· Ist es nachrangig, wer diesen Vorgang ausführt? Kommt es also nur auf fachliche Qualifikation, nicht jedoch auf besonderes Talent an?

· Kann eine kennzahlenbasierte Messung des Vorgangs selbigen vollständig und objektiv abbilden?

· Verwenden Mitarbeiter bei der Beschreibung dieses Vorgehens selten bis nie das Wort „eigentlich"? „Eigentlich" wird meist verwendet, wenn man berücksichtigen will, dass es ständig Ausnahmen zur Norm gibt.

· Ließe sich dieser Vorgang automatisieren – eine finanzierbare Technologie vorausgesetzt?

· Banal, aber hilfreich: Fühlt sich Steuerung für die Mitarbeiter nützlich an oder versuchen sie, ihr auszuweichen?

Die Zeitgeist-geschwängerte Neigung, Steuerung zugunsten von Selbstorganisation abschaffen zu wollen, ist eine nicht zu unterschätzende Gefahr. Eine differenzierende Aufklärung ist das Gegenmittel.

11 Doppelagenten-Befreiung

Für Selbstorganisation braucht es keine besonderen Mitarbeiter

Häufig höre ich, dass man für Selbstorganisation einen ganz bestimmten Mitarbeitertyp bräuchte. Es wolle nämlich nicht jeder Verantwortung übernehmen, heißt es. Manche Menschen bräuchten jemanden, der ihnen sagt, wo es lang geht.

Ich behaupte: Die Arbeit in einem – ich nenne es mal – post-tayloristischen Unternehmen ist erfrischend leicht im Vergleich zu den Herausforderungen, die in einem Traditionsunternehmen zu bewältigen sind.

Doppelagenten im Einsatz

In der packenden und hochkarätig besetzten Neuauflage der John le Carré Verfilmung „Dame, König, As, Spion" aus dem Jahre 2011 kann man sich ein Bild davon machen. In dem Film muss sich der von Colin Firth gespielte Maulwurf Bill Haydon als britischer Agent ausgeben, während er eigentlich dem KGB dient. Ein einsames Leben ohne Mitgefühl oder Anerkennung. Geprägt von ständiger Angst und einem nahezu unmöglichen Balanceakt zwischen zwei Welten. Kommt dir das bekannt vor?

Als Mitarbeiter in einem traditionell geführten Unternehmen kann es einem oft genauso gehen wie einem Doppelagenten.

Wie kommt das?

Auf dem Papier ist alles ganz klar: Morgens reinkommen, einstempeln, Prozesse befolgen, Anweisungen entgegennehmen, Projektpläne abarbeiten, Checklisten abhaken, im Meeting reporten, ausstempeln, fertig. Der Kopf ist frei, die Freizeit kann genossen werden.

Denn man hat das ja vorher alles genau berechnet. In der Jahresplanung wurden Ressourcenbedarfe gemeldet und Budgets verteilt, die Ziele wurden bis auf jeden Mitarbeiter herunter kaskadiert, sodass alles schön ineinandergreift. Die Mitarbeiterkapazitäten wurden genau kalkuliert: Philipp arbeitet 30% in der Linie, 45% im Projekt A und 20% in Projekt B. 5% Puffer. So die Idee.

Schön wär's. Denn so ist es ja nicht. Und das wissen wir irgendwie auch alle. So überraschungsfrei weltfremd geht es nur in der mechanistisch geprägten BWL-Denke zu, die uns nach wie vor eine steuerbare Welt unterjubeln will.

Doppelagenten in Not

Jeder, der ein traditionell geführtes Großunternehmen von innen gesehen hat, weiß: Es gibt noch ein zweites Spiel. Das realere Spiel sozusagen. Da wo die echte Arbeit passiert. Bloß kann man die Scheinwelt nicht ungestraft ignorieren, denn schließlich hat sie ihren Ursprung in der formalen Struktur, also da, wo die Macht sitzt. Sie auszublenden, kann große Konsequenzen haben.

Und so sehen sich Mitarbeiter in traditionell geführten Unternehmen dazu gezwungen, zum Doppelagenten zu werden. Jedenfalls dann, wenn das Unternehmen in einem dynamischen Markt überleben muss. Sie zeigen ein erwartungskonformes Verhalten auf der formalen „Vorderbühne", während sie gleichzeitig ein abweichendes Problemlösungsverhalten auf der informellen „Hinterbühne" abliefern.

Und das, ja, das ist echt harte Arbeit. Das Doppelspiel eines traditionell geführten Unternehmens spielen zu können, erfordert ein besonderes Können. Bis man ein Gefühl dafür entwickelt hat, wie man sich den Rücken freihält, um die Wertschöpfung in Gang zu halten, können Jahre vergehen. Ohne Kreativität, Verhandlungsgeschick, Reflexionsfähigkeit, sehr viel Geduld und ein gehöriges Maß an Selbstwertgefühl kann man an dieser Herausforderung schnell zerbrechen. Ganz so wie ein Doppelagent.

Bloß sieht man dieses Talent von oben nicht. Aus dem Management-Cockpit sieht alles nur aus wie Chaos und mangelnde Kooperationsbereitschaft. „Wenn die schon in einem geregelten Betrieb keine Verantwortung übernehmen können, wie soll es dann mit der Selbstorganisation klappen?"

Die Befreiung der Doppelagenten

Aber wenn du einen Doppelagenten erstmal entfesselst und er nicht mehr in ständiger Zerrissenheit leben muss, dann kann sein wahres Potenzial sichtbar werden. Dann muss er sich nicht mehr verstecken.

Ein Mitarbeiter in einem post-tayloristischen Unternehmen hat es viel leichter. Er arbeitet ja im „menschlichen Normalzustand". Natürliche Hierarchiebildung, flexible Aufgabenverteilung, problembezogenes Lernen und eine „normale" uncodierte Sprache brauchen wir nicht lernen. Das können Menschen schon seit zehntausenden von Jahren. So kommen wir auf die Welt. So wundert es auch nicht, warum die meisten Menschen sich in einem modernen Arbeitsumfeld viel wohler fühlen.

An dieser Stelle wird oft behauptet, dass uns das Ausbildungssystem und die ersten Berufsjahre die für die Selbstorganisation nötigen Fähigkeiten abtrainieren würden. Wirklich verlieren tun wir sie aber nie. Sie werden nur von einer gesellschaftlichen Konditionierung überlagert, die man wieder entlernen muss. Und das geht schnell, wenn man erstmal im „richtigen" Umfeld arbeitet.

Wer es ausgehalten hat, in einem traditionell geführten Unternehmen zu arbeiten, ohne innerlich zu kündigen, der hat echtes Können bewiesen. Denn er hat nicht nur die Schauspielschule des Business-Theaters gemeistert, sondern dabei auch noch die ohnehin schon anspruchsvollen Anforderungen der Wertschöpfung befriedigt, ohne dass es zu sehr auffällt.

Das ist eine hohe Kunst. Und solche Künstler können selbstverständlich auch in einem Unternehmen arbeiten, wo man sich nicht ständig bürokratische Steine in den Weg legt und sich verbiegen muss.

Denn wieso sollte es schwerer sein, ein unmittelbar einleuchtendes Spiel zu spielen als ein unsinnig und widerspruchsgeladenes?

12 Demokratie im Unternehmen?

Von der Diktatur zur Masse

Demokratie genießt einen guten Ruf. Für Demokratie wurden Säbel geschwungen, Barrikaden gebaut und leidenschaftliche Lieder verfasst. Demokratie klingt nach Gerechtigkeit und Einbindung. Demokratie klingt zeitgemäß. Da ist es kein Wunder, dass Demokratie auch als Organisationsprinzip in der Wirtschaft Befürworter findet.

Demokratie ist natürlich nicht gleich Demokratie, dafür ist der Begriff viel zu dehnbar gemacht worden. Die einen meinen damit Wahlen, die anderen denken an Beteiligung, die nächsten folgen der Vorstellung Karl Poppers: Demokratie als Kontrolle von Macht und der Leichtigkeit, mit der Mächtige gewaltlos abgesetzt werden können.

Um Verwechslungen und Missverständnissen vorzubeugen: Ich nutze den Begriff der Demokratie in diesem Beitrag exklusiv im Sinne einer Tendenz in Unternehmen, Entscheidungen kollektivieren zu wollen. Diese Tendenz entfaltet sich vielfach als Partizipationsgebot, bei dem Entscheidungen durch Einzelne verpönt werden und eine Einbindung vieler den Vorzug erhält. Besonders interessant, weil scheinbar paradox finde ich übrigens an dieser Tendenz, dass sich damit die Schwächen traditioneller Unternehmensführung unter dem moralisch positiv besetzten Deckmantel der Demokratie durch die Hintertür den Weg zurück ins Unternehmen suchen. Und dort mindestens so viel Schaden anrichten wie ohne Maskerade – nicht nur für das

Unternehmen, sondern auch für die Mitarbeiter. Warum, das will ich dir gerne erläutern.

Zunächst geht es um zwei wichtige Unterscheidungen.

Wissen vs. Ideen

Die Umwelt der meisten Unternehmen ist in den letzten Jahrzehnten zunehmend dynamischer geworden. Das bedeutet, dass Unternehmen immer häufiger von überraschenden Reizen behelligt werden, die sie nicht ignorieren können, weil sie sonst ihre Existenz gefährden.

Verursacht wird die Zunahme dieser Überraschungen im Wesentlichen durch die zunehmende Sättigung der Märkte. Wenn eure Kunden Alternativen haben, spielt es eine Rolle, was eure Wettbewerber tun. Das könnt ihr nicht ignorieren. Wenn sich ein Kunde wegen Lieferverzögerungen beschwert, müsst ihr darauf eingehen. Das war früher nicht nötig.

Wenn es zu Überraschungen kommt, passt das alte Wissen nicht mehr. Kein Steuerungsimpuls, zum Beispiel in Form von Regeln und Prozesshandbüchern (Regeln und Prozesshandbücher sind konserviertes Wissen), passt zum Problem. Steuerung versagt also.

Als Alternative muss eine Idee her, wie man mit dieser Situation umgehen könnte. Im Gegensatz zu Wissen, das als Struktur (bspw. Regeln und Prozesse) im Unternehmen gespeichert werden kann, können Organisationen selbst keine Ideen hervorbringen. Dazu brauchen sie ihre Mitarbeiter. Das ist der erste Unterschied, auf den ich dich aufmerksam machen möchte.

Und daraus entsteht auch der zweite.

Mitarbeiter, die für bestimmte Problemkategorien passende Ideen bereitstellen, entwickeln sich deshalb zur Bezugsreferenz. Es macht einen Unterschied, wer eine Idee einbringt. Eine Organisation lernt: „Wenn Anna was sagt, schenken wir dem Inhalt besondere Aufmerksamkeit, das hat sich in der Vergangenheit ausgezahlt." Die Systemtheorie bezeichnet Mitarbeiter deshalb als Entscheidungsprämissen. Anna ist mit ihren Ideen also eine Prämisse für Entscheidungen. Und zwar eine stärkere als es Klaus mit seinen Ideen ist. Unternehmen sind deshalb heute mehr denn je auf die Gefühle und Ideen ihrer Mitarbeiter angewiesen.

Du kannst dir eure Organisation in etwa so vorstellen wie einen Hund, der auf bestimmte Menschen (typischerweise seine Besitzer) stärker reagiert als auf Fremde. Es macht einen Unterschied, ob Klaus oder Anna „Sitz!" sagen.

Macht vs. Widerständigkeit

Als es weniger auf Ideen ankam, sondern stärker auf die effiziente Anwendung von gewonnenem Wissen, war Steuerung das Maß der Dinge. Alles konnte gesteuert werden und durch die ständige Verbesserung der Steuerung wurden Unternehmen effizienter und damit wirtschaftlicher.

Damit Steuerung funktioniert, muss sie an Macht gebunden sein. Denn damit du eine Anweisung befolgst oder eine Regel anwendest, muss sie jemand legitimieren, der Macht über dich hat – sei es ein Chef oder ein Gremium oder eine Mehrheit. Dann kannst du die Anweisung oder Regeln nicht öffentlich ablehnen, ohne ein Risiko einzugehen. Macht immunisiert ein Unternehmen also gegen die Interessen einzelner Mitarbeiter. Widerständigkeit ist das Gegenteil formaler Macht. Während ich mit Macht Verhalten erzwingen oder zumindest sehr wahrscheinlich machen kann, setzt Widerständigkeit eine symmetrische Beziehung voraus. Eine Beziehung also, in der zwei Seiten sich gegenseitig als Korrektiv nutzen.

So wie zwei Freunde sich gegenseitig Rat geben, ohne dass einer der beiden dem Rat folgen müsste. Wenn dir ein Freund einen Rat gibt, dann hörst du zu, wenn du glaubst, dadurch einen Nutzen zu haben. Ohne Freunde könnten sich deine Weltansichten nicht mehr weiterentwickeln. Deine einzige Referenz wärst du selbst.

So ist es auch bei der Arbeit. Wenn du im Unternehmen Herausforderungen zu bewältigen hast, ist die Sache zu wichtig, als dass du die Meinung deiner Kollegen ignorieren könntest oder wolltest. Deshalb hörst du sie dir an. Solange sie keine Macht über dich haben, dienen dir ihre Ideen und Meinungen aber nicht als Verpflichtung, sondern als Angebot. Das ist Ausdruck einer widerständigen Beziehung.

Diese unterschiedlichen Formen der Beziehung haben auch Auswirkungen auf Führung.

Formelle vs. informelle Führung

Wenn du einer Person freiwillig folgst, weil du ihre Meinung schätzt und ihr deshalb Ansehen spendierst, dann führt dich diese Person. Es hat sich also eine informelle Hierarchie gebildet. Eine sozial legitimierte Hierarchie. Diese unterscheidet sich von formaler Hierarchie insofern, als dass ihr Fundament die Widerständigkeit ist und eben nicht die formale Macht.

Informelle Hierarchien sind deshalb flexibler. Sie können sich aufgrund von Kompetenzzuschreibungen temporär bilden und wieder auflösen. Du führst informell, wenn dir andere folgen wollen. Insofern kannst du nicht informell führen wollen. Informelle Führung ist ein soziales Phänomen, dass du nicht herstellen kannst – sie entsteht oder sie entsteht nicht.

Für Arbeitsumgebungen, in denen es auf Ideen ankommt, ist informelle Führung gegenüber Steuerung im Vorteil. Denn gerade dort ist eure Wertschöpfung, wie oben beschrieben, auf die Talente einzelner Mitarbeiter angewiesen. Wenn Anna fehlt, fehlen ihre Ideen. Kommt ein Problem anderen Charakters um die Ecke, muss sich die informelle Hierarchie neu ordnen können. Dieses hohe Maß an Selbstorganisation ist für das Überleben in dynamischen Arbeitsumgebungen unverzichtbar.

Es ist also essenziell, dass das Können Einzelner in komplexen Entscheidungssituationen zum Problem durchdringen kann. Bei demokratischen Entscheidungsverfahren wird genau das verhindert. Denn der demokratische Anspruch ist ja gerade, die Interessen Vieler zu integrieren.

Das bedeutet: Die Referenz für Entscheidungen ist in der Demokratie nicht die Marktreferenz, sondern eine interne Referenz.

Interne vs. externe Entscheidungsreferenz

Ich möchte explizit darauf hinweisen, dass ich die folgenden beiden Sätze komplett ohne moralische Wertung verstanden wissen möchte, sondern als nüchterne Feststellung mit dem Blick auf die Wirtschaft: Demokratie ist die Diktatur der Mehrheit bzw. die Diktatur des Verfahrens. Damit unterscheidet sich die Demokratie hinsichtlich ihrer Wirkung auf die Wertschöpfung nur unwesentlich von der Diktatur des Einzelnen, wie du sie von traditionell geführten Unternehmen kennst.

In beiden Fällen ist der Bezugspunkt nicht die Könnerin, Anna, sondern das Wort der Macht. Ob dieses Wort nun durch einen „ständigen" Chef oder ein Verfahren legitimiert ist, spielt für die Wertschöpfung eine untergeordnete Rolle. Anna befindet sich nicht in einer widerständigen Beziehung zur demokratischen Mehrheit, sondern in einer asymmetrischen.

Ein demokratisches Entscheidungsgremium hat Partizipation zum Ziel. Die Interessen und Gefühle möglichst vieler beteiligter bzw. betroffener Mitarbeiter sollen integriert werden. Das zwingt die Mitarbeiter, ihren Gefühlen in Form von Argumenten Ausdruck zu verleihen. Damit rückt Annas Talent für die Problemlösung in den Hintergrund und ihr Talent für die Debatte ist gefragt.

Das Argument, das besser überzeugt und mehr Zustimmung erfährt, setzt sich durch. Doch was, wenn Anna nicht gut verhandeln kann? Was, wenn ihr die Argumente für ihre an sich brauchbaren Gefühle fehlen.

Verhandlungstalent vs. Problemlösungstalent

Ein Team kann Gefühle als Grund für Entscheidungen akzeptieren, ein demokratisches Verfahren kann das nicht. Deshalb wird die Gefälligkeit einer Idee relevanter als das Gefühl bezüglich des Problems.

Mit der Zeit richtet sich die Kommunikation immer stärker nach innen aus. Ob möglichst viele Kollegen beteiligt waren und hinter einer Entscheidung stehen, wird wichtiger als das Gefühl einzelner Könner. Gelernt wird daraufhin mehr hinsichtlich der zu betreibenden Politik als hinsichtlich der Kundenprobleme.

Natürlich geht das nicht lange gut. Deshalb erzieht der Markt das Unternehmen hinter seinem eigenen Rücken zu einer Parallelstruktur, die formal tabuisiert ist. Die Kommunikationsstrukturen weichen also genauso der formalen Struktur aus, wie sie es bei einem traditionell gesteuerten Unternehmen tun. In beiden Fällen schadet die nach innen gerichtete Aufmerksamkeit.

Theater vs. Vertrauen

Ein Chef mit starker formaler Macht lenkt die Aufmerksamkeit genauso auf sich und damit weg vom Kunden, wie es die demokratische Beteiligung tut. In beiden Fällen müssen Mitarbeiter immer mitdenken, welche internen Konsequenzen ihr Verhalten haben könnte.

Es ändert sich also wenig: Ob ihr die Steuerung des klassischen Hierarchieapparats unterlaufen müsst, um die Kunden zu befriedigen oder die einer demokratischen Organisation, führt am Ende zum gleichen Übel – Reibungsverlusten.

Unternehmen, die diese Art der Partizipation großschreiben, erleben deshalb meist eine schleichende Erosion des

Vertrauens. Kein Wunder, sie merken, dass man sich formal etwas vormacht, was der eigentlichen Arbeit im Wege steht.

Hmmm ...

Das Potenzial für Missverständnisse ist nahezu unerschöpflich, wenn ich über dieses Thema schreibe und spreche. Deshalb habe ich diesen Beitrag auch fast vollständig umgeschrieben und wenig vom ursprünglichen Blogartikel übriggelassen.

Auf zwei Aspekte, die mir bei der Diskussion immer wieder begegnen, möchte ich noch gesondert eingehen:

Erstens setzen manche Partizipation, Mitbestimmung und Demokratie mit einer stärkeren Verantwortungsübernahme und Entscheidungsfreiheit von Mitarbeitern gleich. Deutlich erfolgsversprechender ist jedoch der gezielte Verzicht auf Steuerung zugunsten von Selbstorganisation, was ich regelmäßig als Schlüsselzutat in erfolgreichen Unternehmen beobachte. Damit geht immer auch eine stärkere Einflussnahme einzelner Mitarbeiter einher. Das ist unverzichtbar, weil Mitarbeiter am Ort des Geschehens Informationen gewinnen, die im Zentrum nicht zur Verfügung stehen. Mir geht es also gerade nicht um eine Absage an die stärkere Einflussnahme von Mitarbeitern, sondern um eine Reduzierung von Macht, egal ob sie durch Einzelne oder durch die Masse legitimiert ist. Beides untergräbt individuelles Talent.

Und zweitens: Die Diskussion über Partizipation und Mitbestimmung ist derart moralisiert, dass die ideologischen Überzeugungen dem sachlichen Verstand im Wege stehen. Wenn du Partizipation in Frage stellst, wirst du im Nu als der „Böse" hingestellt. Aber dem kannst du begegnen und zwar mit noch mehr Logik und Aufklärung. Ich finde: Arbeit ist zu wichtig, als dass eine gute Absicht genügen darf, um jede Maßnahme zu rechtfertigen.

13 Keine Chefs mehr

Müssen sich Chefs jetzt schon schämen?

Sicherlich ist dir auch schon der Ruf nach der hierarchielosen Organisation begegnet. Das Unternehmen ohne Chefs.

Es klingt ja zunächst auch so human. Macht ist böse. Macht untergräbt die Augenhöhe zwischen Menschen. Und logisch klingt es irgendwie auch. Denn wir sind doch auf jeden Menschen und seine Ideen angewiesen. Also wozu noch formale Hierarchien?

Tatsächlich kenne ich nicht wenige Unternehmen, die sich, von solchen Gedanken motiviert, versuchen, selbst zu enthierarchisieren. Zur Folge hat das jedoch allerlei Probleme. Manchmal sogar existenzielle. Und wenn die Existenz des Unternehmens bedroht ist, dann kann der Zweck (humanere Arbeitsbedingungen) doch nicht die Mittel (Enthierarchisierung) heiligen.

De-facto-Chef: „Wir müssen dich leider entlassen."

Mitarbeiter: „Wieso denn?"

De-facto-Chef: „Die Nummer mit der Chef-Abschaffung hat uns das Genick gebrochen."

Mitarbeiter: „Das ist ja nicht so human."

De-facto-Chef: „Wir haben es doch gut gemeint."

Mitarbeiter: „Na dann."

Jede Veränderung im Unternehmen sollte dem originären Unternehmenszweck – also der Wertschöpfung – dienen bzw. diesen zumindest nicht gefährden. Denn wenn die Wertschöpfung leidet, dann leiden irgendwann auch die Mitarbeiter.

Aber wieso leidet die Wertschöpfung unter der Enthierarchisierung?

Enthierarchisierungs-Krux

Formale Macht ist nötig, damit man auch in der Uneinigkeit handlungsfähig bleibt. Zwei wesentliche Quellen dieser Uneinigkeit sind:

1. Persönliche Bedürfnisse trotz objektiver Eindeutigkeit: Wenn es objektives Wissen darüber gibt, wie ein Arbeitsablauf auszusehen hat, damit das gewünschte Ergebnis eintritt (z.B. die Montageanleitung eines Bauteils oder die Sortierung einer Ablage), spreche ich von der Wertschöpfung der Norm. Es kommt vor, dass diese Arbeit nicht sonderlich attraktiv ist bzw. die Mitarbeiter ihre eigenen Präferenzen bei der Durchführung der Arbeitsschritte haben. Jetzt braucht es Macht, um den bekannten wirtschaftlichsten Weg durchsetzen zu können – auch gegen den Willen des Mitarbeiters. Auf diesem Prinzip basiert der gesamte Taylorismus.

2. Unterschiedliche Sichtweisen bei fehlender Eindeutigkeit: Gibt es kein objektives Wissen über den Arbeitsablauf, nenne ich das die Wertschöpfung der Ausnahme. Nun ist man auf Ideen der Mitarbeiter angewiesen, um zu einer Lösung zu kommen. Hier wird es knifflig: Operativ steht formale Macht nun im Weg, da sie das Risiko birgt, als Referenz für die zu

wählende Idee zu dienen. Deshalb werbe ich bei der Wertschöpfung der Ausnahme immer für ämterfreie Mannschaften, deren Referenz das Problem ist, das sie versuchen zu lösen. ABER jedes solcher Subsysteme ist auf eine Legitimation im formalen Machtgefüge der Gesamtorganisation angewiesen. Ein Projektteam beispielsweise wird immer verkümmern, wenn es keinen formal-mächtigen Rückhalt genießt. Denn dann verkommen Ideen zu Meinungen unter vielen.

Ohne Chefs wäre die Handlungsfähigkeit nur durch die Bildung von Mehrheiten zu erreichen, die Entscheidungen demokratisch legitimieren. Auf diesen alternativen Holzweg begeben sich heute immer mehr Unternehmen.

Ein Holzweg ist das deshalb, weil es unerheblich sein muss, ob die Mehrheit der Mitarbeiter hinter einer Idee stehen. Eine gute Idee ist typischerweise dadurch gekennzeichnet, dass sie von vergangenen Mustern abweicht und sich erst nach ihrer Realisierung als nützlich erweisen kann.

Wenn sich jede Idee erst der Gefälligkeitsprüfung unterziehen muss, bleibt von ihrem Kern meist nicht viel mehr über als ein mehrheitsfähiger und weichgespülter Beschluss ohne Ecken und Kanten.

Dann tritt interne Gefälligkeit in den Vordergrund, externe Marktnotwendigkeiten in den Hintergrund und die Organisation fängt an, sich zu politisieren und sich nur noch mit sich selbst zu beschäftigen. In der Folge wird sie handlungsunfähig.

Weiß es der Chef also doch besser?

Nein. Der Chef ist nicht verantwortlich für die Idee oder ihre Beurteilung, sondern für ihre Legitimation. Er legitimiert Mannschaften bzw. einzelne Mitarbeiter, von denen er sich gute Ideen verspricht. Der Chef schließt also eine Wette ab. Er verlässt sich auf sein Gefühl, dass bestimmte Mitarbeiter auf die nötigen Ideen kommen werden, und schafft ihnen Handlungsräume.

Gerade dieses Vertrauen und das damit verbundene Risiko lässt sich nicht kollektivieren, indem es von einer anonymen Mehrheit getragen wird. Gefühle sind individuell.

Wenn ihr euch also dazu entscheidet, Macht aus humanen Gründen verbannen zu wollen, schleicht sich die Inhumanität über die Hintertür der Wertschöpfung allmählich wieder ein. Mit anderen Worten: Unkluge wirtschaftliche Entscheidungen gehen über kurz oder lang an die Substanz und erreichen damit das Wohlergehen der Mitarbeiter.

Ein Frühwarnsystem ist das Theater, das du heute in vielen Unternehmen beobachten kannst, in denen formale Macht tabuisiert wird. Ich lerne immer mehr Chefs kennen, die sich geradezu dafür schämen, sich als solche bezeichnen zu müssen. Als seien sie eine peinliche Personifizierung des Alten. Und deshalb zu einer Maskerade greifen.

Neues Theater

Im Anspruch an zeitgemäße Führung verkleiden Unternehmen die formale Macht einfach neu und bezeichnen sie in einem Akt euphemistischer Verklärung als Mentoring, Leadership oder

Coaching. „Ich möchte nicht, dass du mich als dein Chef siehst. Ich verstehe mich eher als eine Art Coach und Leader für dich. Ich möchte dir mit guten Fragen zur Seite stehen und mit Beispielen voran gehen."

Dass dieses Konstrukt nur Theater ist, kannst du schnell entlarven, wenn du dich fragst, ob der Mitarbeiter seinen Coach denn wohl auch ablehnen und sich einen anderen suchen könnte. Oder ob die Mitarbeiterin dieses Quartal mal auf ihr Beurteilungsgespräch verzichten darf.

So entwürdigt der Chef sich und seine Mitarbeiter in einem perversen Entmündigungsakt (natürlich unbewusst und vom Mainstream getrieben), indem er kommunikativ über ihre wahre Beziehung hinwegtäuscht und sich so selbst jeder Angriffsfläche entzieht.

Chef und Mitarbeiter muten sich jetzt wechselseitig ein Schauspiel voller Mehrdeutigkeiten zu, das letztlich nur von dem ideologischen Ideal motiviert ist, sich nicht als Chef bezeichnen zu wollen. Die Quittung ist Misstrauen und Leistungserosion.
Da alle diesen Braten schon früh riechen, ihn nur niemand ausspricht, empfehle ich genau das zu tun: Tacheles reden. Das hilft, wie so oft, sich wieder näher zu fühlen und legt somit die Saat für Vertrauen.

Hmmm ...

Als ich diesen Beitrag für mein Buch ausgewählt habe, war mir das Maß der Polemik unangenehm, das er beinhaltet. An einigen Stellen habe ich diese leicht abgeschwächt. Denn mir ist bewusst: Polemik spaltet. Doch ich möchte nicht spalten, sondern aufklären.

Und dennoch kann ich manchmal nicht an mich halten. Zu scheinheilig sind mir die Anti-Macht-Forderungen. Zu billig, weil zustimmungsfähig, ist die Gesinnungsrhetorik. Die vordergründige Menschlichkeit einer Idee (hier Entmachtung) lasse ich für sich genommen nicht als Argument durchgehen. Ich bin offen für jede Debatte, in der mir jemand vorführt, dass eine Enthierarchisierung von Unternehmen tatsächlich zu mehr langfristiger Menschlichkeit führt. Die Menschlichkeit jedoch selbst als Argument ins Feld zu führen, ohne die Nebenwirkungen der damit verbundenen Maßnahmen zu durchdenken, ist für mich verantwortungslos und effekthascherisch.

14 Der Respekt der Ignoranz

Warum du deinen Kollegen womöglich systematisch unrecht tust

Die Tür öffnet sich und ein gut gekleideter, leicht unsicher wirkender Mann betritt den Meetingraum, in dem ich es mir bereits bequem gemacht habe. Ich sitze an einem Tisch, vor mir ein DIN-A5-Block und ein Stift. Daneben der aufgeklappte Rechner mit Notizen.

Ich bitte ihn, sich hinzusetzen. Ich versuche, durch eine möglichst freundliche Ansprache die Stimmung im Raum ein wenig zu lockern, und stelle ihm vor, worum es geht. Ich würde ihn zu seinem Unternehmen befragen und mit meinen Hypothesen konfrontieren – es ginge um eine Struktur- und Kulturanalyse. Und im Zuge meiner Erklärung fallen zwei Sätze, die bei mir nahezu immer an dieser Stelle fallen: „Sie interessieren mich als Person nicht. Im Gegenteil, ich versuche Sie zu ignorieren." Eingebettet in meine sonstigen Erklärungen weckt dieser Satz bei ihm Neugier, und er bringt zunehmend zum Ausdruck, sich auf das Gespräch zu freuen.

Doch ohne Kontext klingt diese Aussage unverschämt und überheblich, mindestens einmal despektierlich. Ich bin jedoch überzeugt: Nur wer Menschen ignoriert, kann sie respektieren. Warum, das will ich dir an einem Beispiel zeigen.

„Redet doch einfach mal miteinander!"

Stelle dir einen Projektleiter in einem mittelgroßen Unternehmen vor. Ich nenne ihn mal Wolfgang. Wolfgang versucht mit seinem Team, Projekte zum Erfolg zu führen. Disziplinarische Verantwortung hat er keine.

Er spricht regelmäßig mit Stakeholdern unterschiedlichster Bereiche und hört ihnen beim Leiden zu. Seine ausgeprägte Empathie sorgt dafür, dass die Sorgen seiner Kollegen ihm schon auf die Magengrube schlagen, bevor sie diese überhaupt artikuliert haben.

Erst letzte Woche hat Wolfgang mit einem Teamleiter namens Jan im Support gesprochen:

Jan: „Egal, wie oft wir es sagen, die da oben wollen das einfach nicht verstehen. Die sind zu blöd, um zu erkennen, dass wir uns hier im Support den Arsch aufreißen, während der Vertrieb einen ungeklärten Auftrag nach dem anderen ins Unternehmen kippt. Denen ist vollkommen egal, ob sich das umsetzen lässt. Und am Ende landet der Scherbenhaufen bei uns."

Jan ist echt ein vernünftiger Typ. Er regt sich selten unnötig auf und versucht stets, Rücksicht auf seine Kollegen zu nehmen. Wolfgangs Ungerechtigkeitsantennen springen an und er hat das unbedingte Bedürfnis, mal ein Hühnchen mit dem Vertrieb zu rupfen. Es kann doch nicht so schwer sein, sich mal etwas mehr Mühe zu geben. Und seinem Projekt würde es auch helfen, wenn an der Schnittstelle zum Vertrieb mal etwas mehr Klarheit herrschen würde.

Zwei Tage später sitzt Wolfgang deshalb mit Elena zusammen,

einer Regionalleiterin aus dem Vertrieb. Eine sehr freundliche Frau, aber auch knallhart: „Hör mal, fahr doch mal selbst mit raus zum Kunden, dann weißt du, wie das echte Geschäft aussieht. Die im Support verstehen den Kunden überhaupt nicht. Die würden am liebsten den ganzen Tag entspannt ein Ticket nach dem anderen abarbeiten. Ohne Störung und ohne Sonderfälle. Die sollten froh sein, dass wir zwischen ihnen und dem Kunden stehen. Sonst würden sie mal die raue Wirklichkeit kennenlernen."

Kurz vor dem Gespräch war sich Wolfgang noch sicher: Der Vertrieb muss sich ändern. Jetzt fühlt er sich fast ein bisschen schlecht, dass er so vorschnell geurteilt hat. Vielleicht hat Elena ja recht. Vielleicht stellen die sich etwas zu sehr an im Support. Aber irgendwie muss es ja funktionieren.

Als Projektleiter sieht Wolfgang es als seine Aufgabe an, die Wogen zu glätten und ein gegenseitiges Verständnis füreinander zu schaffen. Er will den Streit also schlichten und versucht einen neuen Regeltermin zu initiieren.

„Wenn sie nur miteinander reden würden, dann wäre es alles halb so wild.", denkt sich Wolfgang.

Ach, Kinder ...

Wenige Tage später findet er sich als Moderator wieder, der versucht, beiderseitig die Argumente zu relativieren und für ein Verständnis des jeweils anderen zu werben. Notgedrungen schwächt er beide Argumente leicht ab. Es sei doch nicht so schlimm.

„Ihr habt ja beide recht, ihr müsst halt aufeinander zugehen."
Dass Wolfgang dabei kein „Ach, Kinder,..." über die Lippen
rutscht, ist nur seiner Selbstdisziplin geschuldet.

Nach mehreren Wochen der erfolglosen Konfliktarbeit, die
immer nur darin resultieren, dass sowohl Jan als auch Elena
Besserung geloben, um dann nach einer temporären Entspan-
nung wieder in alte Verhaltensmuster zurück zu fallen, platzt
Wolfgang der Kragen: „Was für verbohrte Kollegen. Wie kann
man denn so engstirnig sein? Es geht doch am Ende um das
Gesamtergebnis, nicht darum, wer Recht hat. Können die nicht
einfach mal dieses verdammte Silodenken aufgeben?"

Wolfgang hatte beste Absichten, klar. Er wollte beiden gerecht
werden, selbstverständlich. Er wollte zudem dem Unternehmen
dienen, ohne Frage. Doch leider hat er sowohl Elena als auch Jan
verurteilt und sich damit über sie erhöht. Er hat die Deutungs-
hoheit an sich gerissen und so beide zu Verlierern gemacht.

Wolfgang unterstellt beiden nun mangelnde Bereitschaft, fehlende Empathie und keinen Willen, der gemeinsamen Sache
dienen zu wollen. Er nimmt sie nicht mehr ernst. Implizit teilt
er ihnen mit: „Ihr seid nicht in Ordnung. Ihr müsst euch ändern.
Und ich weiß, in welche Richtung ihr euch ändern müsst."

Wolfgang ist Opfer einer ganz üblichen Falle geworden – einer Falle, die Alltag in vielen Unternehmen ist: Er hat geurteilt,
ohne zu verstehen. In seinen Augen war die Sachlage eindeutig.
Schließlich hätten sie doch „nur" miteinander reden, ihre Egos
zurückstellen und ihren gesunden Menschenverstand nutzen
müssen.

Hätten sie?

Wer anklagt, überhöht sich.

Wirksamer wäre gewesen, Wolfgang hätte angenommen, dass seine Kollegen mit dem Problem nichts zu tun haben. Dass er oder jeder andere an ihrer Stelle genauso handeln würde. Er hätte sie bei der Ursachenforschung ignorieren können. Sie erst gar nicht als mögliche Ursache in Betracht ziehen.

Das ist anstrengender. Klar. Viel anstrengender. Denn jetzt müsste er sich fragen: „Welchen guten Grund könnte es geben, so zu handeln, wie Jan und Elena, ohne den Grund bei Jan und Elena selbst zu suchen?" DAS und nur DAS ist ein respektvoller kollegialer Umgang.

Wer seinen Kollegen Vorwürfe macht, attestiert sich damit meist nur schlampige Ursachenforschung. Der macht es sich bequem und überhöht sich über andere.

Wolfgang sollte ganz anders auf das Problem schauen. Er sollte annehmen, dass nicht Jan und Elena mit ihm gesprochen haben. Vielmehr hat er die ganze Zeit mit zwei Rollen gesprochen, nämlich mit der Rolle „Teamleiter im Support" und „Regionalleiterin im Vertrieb". Jan und Elena sind nur Spieler in diesem Spiel. Die Rollen sprechen sozusagen durch sie hindurch.

Wenn wir uns den Fall genauer anschauen, kommen wir schnell auf den wahren Grund der Auseinandersetzung: Die Regionalleiterin hat ein Quartalsziel für ihren Auftragseingang. Ihr Bonus hängt davon ab, wie viele Projekte sie akquiriert. Einmal akquiriert, muss der Auftrag durch alle Abteilungen, um dann schließlich nach der Inbetriebnahme an den Support übergeben zu werden.

Im Support dagegen hängt ein großes Kennzahlenboard. Auf dem werden die offenen Tickets, die Bearbeitungsgeschwindigkeit und einige weitere Kennzahlen minütlich aktualisiert.

Jan und Elena werden in ihrer Rolle also ständig von internen Reizen gesteuert. So sehr sie dem Unternehmen dienen wollen, so sehr sitzen ihre Ziele ihnen ständig im Nacken.

Was in der Auftragsklärung noch eine nahezu unsichtbare Ungeklärtheit war, entwickelt sich über den ausbleibenden Kontakt zwischen der Konstruktion und dem Kunden zu einem Problemzwerg, wird dann später im Verlauf der Prozesskette in der Inbetriebnahme zu einem Problemkind und manifestiert sich schließlich im Support als Problemriese. Doch diese Problemevolution ist vorprogammiert, da die Rahmenbedingungen im Unternehmen (also z.B. die Abteilungsstruktur, die Boni im Vertrieb, die Effizienzkennzahlen im Support, die Auslastungsziele in der Inbetriebnahme etc.) ein Denken entlang der Prozesskette und somit im Sinne des Kunden systematisch verhindern. Schuld an der Uneinigkeit zwischen Teamleiter im Support und der Regionalleitung im Vertrieb sind also nicht ihre Rollenträger, Jan und Elena, sondern die Struktur, von der sie Gebrauch machen. Wer das nicht versteht, leitet völlig falsche Maßnahmen ein, so wie der Projektleiter in unserem Beispiel.

Der Gipfel der Erniedrigung

Wolfgang glaubt, der Sache zu dienen, indem er herausarbeiten will, wer Recht hat. Als er feststellt, dass beide irgendwie Recht haben, kann er sich das Problem nur noch dadurch erklären, dass Jan und Elena nicht miteinander reden wollen. Er personifiziert das Problem also. Da dies natürlich kein Einzelfall ist, entwickelt sich zunehmend der Glaube, die Mitarbeiter würden sich nicht genug Mühe geben und sich unkooperativ verhalten. Und – schwups – werden Mindset-Trainings verabreicht. Oder man schwört sich auf gemeinsame Werte ein, z.B. „kooperatives Verhalten". Das ist der Gipfel der Erniedrigung. Denn implizit wird gesagt: „Ihr seid Schuld an der Misere. Wir müssen euch reparieren."

Und ganz ehrlich: Ist das nicht die Höchstform der Respektlosigkeit? Ein Mindset-Training?

Das ist ja keine Wissensvermittlung. Ein Mindset-Training, wie ich es hier beschreibe, ist eine überhebliche Verurteilung der Trainingsteilnehmer, die davon ausgeht, diese würden nicht verstehen, welches Verhalten der Organisation guttun würde. Irgendwann habe ich dafür den Begriff der Zynismusbeförderungsprogramme kennengelernt. Man „lernt", im Training zu kooperieren, und trifft im Alltag wieder auf Strukturen, die Kooperation systematisch erschweren. Wer braucht hier ein Mindset-Training?

Dienen tut es jedenfalls niemandem, weder dem Unternehmen noch den Mitarbeitern. Denn da die Ursache nicht beseitigt ist, wird das Problem sich einfach fortsetzen, egal, wie viel Mühe sich alle geben.

Respekt geht also anders.

Nur wer seine Kollegen ignoriert, kann sie respektieren.

Respekt wäre, die Mitarbeiter als Ursache für die Probleme zu ignorieren. Sie als Menschen anzuerkennen, wie sie sind. Und wenn man dann lange genug sucht, würde man irgendwann herausfinden, dass Jan und Elena sich widersprechende Ziele befriedigen sollen, die ihrerseits beide im Widerspruch zum Unternehmensziel stehen. Und erst wenn an dieser Ursache gearbeitet wird, lässt sich das Problem lösen. Erst dann wird die Wertschöpfung leichter fallen und sich folgerichtig auch die Beziehung zwischen Jan und Elena sowie die gesamte Stimmung im Unternehmen erholen.

Solange nicht an der Ursache gearbeitet wird oder gearbeitet werden kann (z.B. weil man nicht ausreichend formale Macht hat, um etwas zu ändern), sollte man die Leistung anerkennen, die jeder erbringt und gemeinsam über die absurden Widersprüchlichkeiten lächeln, die man jeden Tag befriedigen muss. Und nicht selten führt diese Erkenntnis zu einer Entlastung auf allen Seiten und dazu, dass alle entspannter mit ihren Zielen umgehen können. Anerkennung statt Anklage. Anerkennung für das Doppelagentenleben, das die meisten Kollegen täglich meistern müssen.

Und noch besser wäre natürlich, wenn das Problem im Keim erstickt wird. Wenn ihr die Struktur und die Rahmenbedingungen ändert, die Arbeit erschweren.

Dazu könnte man in diesem Beispiel Jan und Elena zusammen mit ein paar weiteren Kollegen in eine Mannschaft stecken, das für ein Segment der gesamten Wertschöpfungskette verantwortlich ist und sie dabei von lästigen Zielen und Kennzahlen befreien.

Das ist nicht nur respektvoller, sondern auch deutlich wirtschaftlicher.

Hmmm...

Wenn du diese Zeilen liest, kommen sie dir vielleicht einseitig vor. Das sind sie auch. Es könnte der Eindruck entstehen, Mitarbeiter wären regelrechte Marionetten des Systems. So unterschlage ich beispielsweise, dass jeder Mitarbeiter eine Rolle natürlich anders ausfüllt. So wie du Schach womöglich sehr aggressiv und ich eher defensiv spiele. Menschen sind unterschiedlich und es wäre fatal, das als Manager zu ignorieren.

Andererseits liefert Schach bereits so viele Erwartungsstrukturen an, dass der Korridor, in dem wir uns beim Schachspiel bewegen können, wenig Platz für die Vielfalt unserer Persönlichkeiten lässt. Alles ist reduziert auf den Handlungsraum innerhalb des Schachspiels. Damit ich dich also nicht auf Basis meiner Beobachtungen beim Schachspiel beurteile, hilft es mir zu wissen, dass du auf dem Schachbrett nur sehr eingeschränkt handlungsfähig bist.

So ist es auch im Unternehmen. Und deshalb wäre es respektlos, mir eine Meinung von dir zu bilden, indem ich mich nur an deinem Verhalten bei der Arbeit orientiere.

15 Parasitärer Widerstand

Ein anderer Blick auf Widerstände in Veränderungsprojekten

„Veränderung ist toll, verändert werden ist Scheiße". Diesen Satz habe ich meinen Mitgründer Lars früher oft sagen hören. Recht hat er. Und dennoch gilt: Veränderung ohne Widerstand ist keine. Was also tun? Wie löst man die Widerstände auf? Muss man das überhaupt?

In einem Projekt eines größeren Konzerns erlebte ich eine sehr wirksame Projektzelle. Für das Unternehmen war sie gleichermaßen Lösung wie Problem:

· Lösung, weil die Projektzelle außerhalb der strukturellen Grenzen der Linie zur Bearbeitung eines hochkomplexen Innovationsvorhabens beiträgt.

· Problem, weil die Projektzelle für das Unternehmen ein Fremdkörper ist, der mit vergangenen Mustern bricht.

Nach den ersten, sich sehr wirksam und erfolgreich anfühlenden Wochen brach ein heftiger Konflikt zwischen einem Mitarbeiter der Linie und einem Mitarbeiter des Projekts aus. Der Konflikt absorbierte kommunikative Ressourcen, die sowohl die Linie als auch das Projekt gut hätte gebrauchen können. In der Folge stürzten sich viele weitere Mitarbeiter auf den Konflikt, wollten helfen, schlichten oder den Konflikt mit austragen. Sie warben für die jeweils andere Seite, baten um Verständnis und Sachlichkeit. Sie ergriffen aber auch Partei, schimpften und mahnten an. Das Ergebnis: Der eigentlichen Arbeit wurde noch mehr Energie entzogen. Dem Nebenkriegsschauplatz „Konflikt" wurde irgendwann so viel Aufmerksamkeit gewidmet, dass das Projekt ins Straucheln geriet.

Schließlich kam es zur Eskalation: Die Geschäftsführerin des Geschäftsbereichs sollte eingreifen und sich höchstpersönlich der Sache annehmen.

Diesem süßen Gift kann auch der erfahrenste und reflektierteste Manager nur schwer widerstehen. Giftig ist diese Verführung, weil sie einen Haken hat: Der Chef, der in solchen Situationen inhaltlich eingreift, erzeugt eine Nachfrage nach sich selbst. Das kann nicht nur im Einzelfall schaden, sondern auch eine sich selbst verstärkende Abwärtsspirale formal-hierarchischer Abhängigkeit einläuten. Mit anderen Worten: Nach dem Chef zu rufen, wird zum Reflex.

Meine Berater-Kollegen bekamen die Entwicklung zum Glück noch rechtzeitig mit. Sie erklärten die Situation, ordneten ein, sensibilisierten für die Zusammenhänge: „Euer Streit ist schmerzhaft, keine Frage. Aber wenn wir Energie aufwenden, um ihn schlichten zu wollen, hat die Organisation genau das erreicht, ‚was sie will'. Ihr streitet euch gar nicht. In Wahrheit streitet sich das Unternehmen mit sich selbst."

Und sie rieten der Geschäftsführerin zu einer anderen Intervention. Nicht zu einer inhaltlichen, sondern zu einer strukturellen. Sie nutzte ihre formale Macht, um die Grenze zwischen der Linie und dem Projekt zu verstärken. Das entzog dem Konflikt die Luft zum Atmen und er verlief sich in der Bedeutungslosigkeit.

Der Konflikt schwelt noch heute, doch er behindert kaum.

Zu meiner Überraschung konnte das Projekt sogar noch zum Erfolg geführt werden. Die beteiligten Kollegen steckten eigentlich bereits so tief im Konfliktsumpf, dass ich mit einem Scheitern des Projektes gerechnet hatte. Das habe ich auch schon anders ausgehen sehen.

Konflikte bewegen die Herzen. Doch nicht immer ist das Herz der passende Ratgeber. Was war hier los? Welcher Blick auf Organisationen kann helfen?

Fieber ist Selbsterhalt.

Gegen fremde Eindringlinge wehren sich Organisationen so, wie es unser Körper tut. Das ist nicht nur eine nette Analogie, sondern ein wissenschaftlich anerkanntes und hinlänglich beschriebenes Phänomen.

Ähnlich der biologischen Immunabwehr stabilisieren Organisationen auf diese Weise ihre Existenz. Täten sie das nicht, würden sie sich einfach in der Umwelt auflösen. Dann könnte jeder um die Ecke kommen und verlangen, dass heute mal New Work eingeführt, digital transformiert, agil innoviert oder lean gemanagt wird. Die ordnungserhaltenden Bindungskräfte einer Organisation sind damit Vor- und Nachteil zugleich.

Ob ein Vorhaben dem Unternehmen langfristig nutzen oder schaden könnte, ist dabei unerheblich. Die Immunabwehr diskriminiert nicht. Einen Veränderungsvorstoß hinsichtlich seines Zukunftsnutzens abzuwägen, können zwar die Mitarbeiter, nicht aber die Organisation selbst.

Immunabwehr ist also Selbsterhalt. Diese Abwehr kann sich auf ebenso lautstarke wie subtile Weise manifestieren. Mal reicht ein Schmunzeln eines formal Mächtigen im Meeting und ein Projekt ist tot. Mal ist es die Empörung, mal die Anspannung, mal die Skepsis und mal der abfällige Humor, der den Widerstand anzeigt. So wie der Körper nicht nur das Fieber kennt, kennt die Organisation nicht nur die Empörung.

Die Organisation nutzt dabei ihre Mitarbeiter, um sich zu wehren. Aber es sind nicht die Mitarbeiter selbst, deren Widerstand es zu überlisten gilt.

Stifte sind keine Literatur.

Ich erinnere mich an einen viele Jahre zurückliegenden, schmerzhaften Workshop. Ich hatte mit nahezu jedem Kollegen einzeln über eine anstehende Veränderung gesprochen. Im Einzelgespräch bekundeten alle ihren Zuspruch: „Super! Das brauchen wir unbedingt, Herr Poppenborg". Ich klopfte mir schon stolz auf die Schulter.

Eine Woche später im Workshop bekam ich es dann mit der Immunabwehr zu tun. Alles, was ich sagte, schien zu verpuffen. Man schwieg sich gegenseitig an, die Energie im Raum war kaum höher als die Teppichkante und ich stand da wie der größte Trottel der Nation. Man ließ mich eiskalt auflaufen.

Im Nachhinein kann ich es mir erklären: Ich hatte angenommen, es reiche aus, die Mitarbeiter zu verstehen. Außer der Auf- und Ablauforganisation hatte ich mir überhaupt kein Bild von den Erwartungsstrukturen des Unternehmens gemacht, sondern mich auf mein Talent verlassen, die Beteiligten argumentativ überzeugen zu können. Das gelang mir sogar weitestgehend, nützte aber nichts.

So stand ich nach dem Workshop staunend vor dem Widerstand und versuchte es erneut mit Argumenten. Ich konnte mir den Widerstand nur durch mangelnde Einsicht erklären. Eine andere Denkfigur stand mir nicht zur Verfügung.

Das ist so, als wollte man sich literarisch bilden, indem man Stifte studiert. Stifte braucht man, um Literatur zu erzeugen, doch die Literatur besteht nicht aus Stiften.

Jeder Parasit braucht seinen Wirt.

Bricht ein Konflikt aus, ist das für mich in der Regel Anlass zur Freude. Denn Konflikte zeigen Relevanz an. Wenn sie fehlen, darf man sich beunruhigt fühlen. Nur wenn ein Projekt keinen relevanten Unterschied zu machen scheint, wird es in Ruhe gelassen. Denn dann ist es für die Fortsetzung der bisherigen Muster keine Bedrohung.

In der Systemtheorie bezeichnet man Konflikte als parasitäre Systeme. Das heißt, ohne ihren Wirt könnten sie nicht existieren. Je besser ein Parasit in der Lage ist, Ressourcen des Wirtssystems in sich selbst zu absorbieren, desto schneller wächst er und richtet Schaden an. Der Parasit ist also ein am eigenen Selbsterhalt interessiertes System.

Steigt man in den Konflikt ein, nährt man ihn. Er wächst und breitet sich aus. Sein Futter ist er also selbst. Oder anders: Den Konflikt zu thematisieren, ist schon Teil des Konflikts. Ihn zu beschwichtigen ebenso. Was das Öl für das Feuer ist, ist die kommunikative Aufmerksamkeit für den Konflikt.

Interpretiert man den Konflikt hingegen als Ausdruck eines evolutionären Fortschritts um, lässt er sich zähmen. Dann dient er als Betriebsleuchte auf der Anzeigetafel des Organisations-entwicklers. Als notwendiges, aber nicht zu nährendes Übel.

In der Konsequenz heißt das: Wirksame Organisationsentwick-lung kapselt innovative Projekte, wie ich sie oben beschrieben habe, und lässt Konflikte ins Leere laufen, anstatt ihnen weitere Munition zu liefern. In dem oben beschriebenen Fall bestand die Lösung des Konfliktes eben gerade nicht in seiner direkten Behandlung, sondern in der Verstärkung der Grenzziehung zwi-schen Projekt und Linie.

Denn das Projekt konnte keinerlei Ablenkung vertragen. Der Fokus war viel zu wichtig. Das Harmoniebedürfnis der betrof-fenen Mitarbeiter musste dem Projekterfolg weichen. Schließ-lich war die Quelle des Konfliktes nicht einer der beteiligten Mitarbeiter, sondern die Organisation selbst.

16 Nicht mit meinen Leuten

Verantwortungslose Mitarbeiter sind ein Problem, das nur im Kopf des Managers entsteht

„Bei Google geht das vielleicht, da arbeiten ja nur High Potentials. Oder in der Unternehmensberatung, wo 90% der Mitarbeiter Akademiker sind. Mit meinen Leuten geht das aber nicht." Vielleicht geht dir dieser Gedanke manchmal auch durch den Kopf. Oder dein Chef sagt so etwas hinter verschlossenen Türen.

Mehr Verantwortung an die Mitarbeiter abgeben, Entscheidungen an den Ort des Geschehens delegieren, die Arbeit selbst einteilen lassen – das klingt grundsätzlich alles ganz sinnvoll. Doch brauche ich dazu nicht Mitarbeiter, die auch Verantwortung übernehmen wollen und die im Stande sind, selbst Entscheidungen zu treffen?

Das stimmt natürlich. Wenn Mitarbeiter keine Verantwortung übernehmen wollen und keine Entscheidungen treffen können, dann hat das Unternehmen echt ein Problem. Das würde ich nicht anders sehen. Bloß glaube ich nicht, dass irgendeinem Unternehmen die entscheidungsfähigen und verantwortungsvollen Mitarbeiter fehlen. Ich glaube, dieser Verdacht ist ein Hirngespinst.

6 Gründe für ein Hirngespinst

Wenn du eine Führungskraft bist, die an ihren Mitarbeitern zweifelt, dann bist du in guter Gesellschaft. Ich nehme deine Bedenken sehr ernst. Da ich selbst Unternehmer bin, Mitarbeiter eingestellt und wieder entlassen habe, weiß ich, wie es dir geht.

Es gibt jedoch ein paar gute Gründe, warum wir uns zu Unrecht Sorgen machen. Wir sind Opfer eines Beobachtungsfehlers. Und diesen Fehler können wir nur durch logisches Denken überwinden.

Ich will es mal etwas drastischer formulieren: Wenn wir nicht in der Lage sind, unseren Verstand scharf genug einzusetzen, um diesen Beobachtungsfehler zu erkennen, dann sind wir nicht besser als diese verantwortungslosen Mitarbeiter, die unsere Fantasie produziert.

Als Manager hast du die Verantwortung, deinen Verstand einzusetzen und nicht irgendwelchen billigen Beobachtungsfehlern zum Opfer zu fallen. Sonst bist du das Papier nicht wert, auf dem dein Titel geschrieben steht – von deinem Gehalt ganz zu schweigen. Wenn wir als Chef so hohe Erwartungen an unsere Mitarbeiter stellen, dann sollten wir nicht weniger viel von uns selbst erwarten.

Zurück also zum klaren Denken: Hier sind sechs Gründe, warum wir als Führungskraft oft zu dem folgenschweren Schluss kommen „Mit meinen Leuten geht das nicht". Diese Gründe sind nicht überschneidungsfrei, sondern ineinander verflochten. Und doch hat jeder dieser Punkte einen anderen Schwerpunkt.

Grund Nr. 1: Weil ein Vogel nur fliegen kann, wenn sein Käfig groß genug ist.

Potenzialentfaltung ist immer mit dem Entfaltungsraum verbunden, der einem Mitarbeiter zur Verfügung steht. So wie ein Vogel seine Flugfähigkeit nur unter Beweis stellen kann, wenn sein Käfig ausreichend viel Platz bietet, so können Mitarbeiter ihr Potenzial nur entfalten, wenn ihnen ausreichend viel Entscheidungsraum zur Verfügung steht.

Das leuchtet unmittelbar ein. Manchmal kommen wir Chefs deshalb auf die Idee, wir könnten einem Mitarbeiter ja mal ein bisschen Entfaltungsraum geben, den Käfig also ein bisschen vergrößern, um mal zu sehen, ob der Vogel dann ins Fliegen kommt. Menschen sind keine Vögel, also will ich diese Analogie nicht überstrapazieren. Bis hierhin taugt sie aber noch gut. Denn ob ein geringfügig größerer Käfig ausreicht, damit ein Vogel fliegen will, ist fraglich.

Damit ein großer Vogel fliegen kann, braucht er Platz. Nicht nur, damit die Strecke überhaupt zum Abheben reicht, sondern auch, damit sich der Flug lohnt. Warum sollte man abheben, wenn die Grenze des Käfigs schon in Aussicht steht? Weit kommt man dann eh nicht. Und man fliegt ja nicht zum Selbstzweck. Man will ja irgendwo hinkommen, also Wirkung erzielen.

Wir sollten uns also die Frage stellen, ob unsere Mitarbeiter wirklich Platz zur Entfaltung haben oder ob es nur Versuchsräume sind, in denen sie sich bewegen können.

Grund Nr. 2: Weil Verantwortung sich wie eine Torte verhält.

Ich stelle mir Verantwortung immer ganz gerne vor wie eine Torte. Sie hat eine begrenzte Größe. Wenn ein großes Stück der Torte qua institutionalisierter Hierarchieverhältnisse an uns Chefs verteilt wurde, bleibt nicht mehr viel für unsere Mitarbeiter übrig.

Und wir sollten uns nicht selbst veräppeln, wenn wir unseren Mitarbeitern sagen: „Du hast die volle Verantwortung". Haben sie ja de facto nicht. Solange formale Hierarchie existiert und wir den letzten Blick auf die Arbeit werfen, bevor sie zum Kunden geht, liegt die Verantwortung bei uns. Das ist, als würde ich die Torte mit der Auflage übergeben, sie unangetastet zurück zu erhalten. Dann beißt da natürlich auch keiner rein.

Wir sollten uns immer fragen, was die Referenz unserer Mitarbeiter ist. Machen unsere Mitarbeiter ihre Arbeit für uns oder für den Kunden?

Solange WIR ihre Arbeit beurteilen und NICHT der Kunde, machen sie die Arbeit auch für uns. Natürlich ist ihnen bewusst, dass der Kunde der Abnehmer ist und natürlich haben sie den auch im Sinn. Doch je größer ihr Schicksal von uns abhängt, desto stärker werden wir zum Maßstab guter und schlechter Arbeit. Solange wir das Beurteilungsgespräch führen, die Beförderungsentscheidung treffen und das Gehalt verhandeln, sind wir eine nicht-ignorierbare Referenz für die Mitarbeiter.

Der einzige Weg aus der Nummer: Wir müssen eine organisatorische Grenze ziehen und damit Verantwortung übertragen, die tatsächlich welche ist. Wie ein Tortenstück, das man essen darf.

Grund Nr. 3: Weil wir sie vor den Zahlen und dem Kunden beschützen.

Unternehmen existieren, weil sie Kundenbedürfnisse befriedigen und dabei mindestens so viel Geld einnehmen, wie sie ausgeben (ausführlich erkläre ich das hier: https://mpborg.com/vortrag17). Damit Mitarbeiter die Notwendigkeiten der Wertschöpfung verstehen und für selbige Verantwortung übernehmen können, müssen sie die Kundenbedürfnisse und die Voraussetzungen für die Wertschöpfung verstehen.

Dazu reicht es nicht aus, dass sie Hochglanzfolien einer Unternehmensberatung studieren, die für das Top-Management erstellt worden sind. Sie müssen den Kunden spüren. Sie müssen sein Begehren, seine Enttäuschung, seine Probleme, seine Freude, seine Dankbarkeit, seine Zerrissenheit erlebt haben – mindestens mittelbar.

Dann erst können Mitarbeiter vollumfänglich verstehen, was es heißt, Kundenbedürfnisse zu befriedigen. Mir ist bewusst, dass dieser Idealzustand nicht für jeden Mitarbeiter erreichbar ist. In großen Unternehmen ist es nicht einmal theoretisch möglich, jeden Mitarbeiter diesen Erlebnissen auszusetzen. Aber gerade deshalb solltest du dir unaufhörlich die Frage stellen, wie du den Markt möglichst „tief ins Unternehmen eindringen lässt".

Oft tun wir jedoch genau das Gegenteil. Wir bauen eine Festung um die eigene Organisation auf und sorgen strukturell-organisatorisch für eine nach innen gerichtete Sicht. Wir verkleinern die Oberfläche zum Markt, anstelle sie zu vergrößern. Statt Mitarbeiter der ungeschönten Realität auszusetzen, schirmen wir sie gegenüber der Umwelt ab. Entweder weil wir sie schützen wollen (falsche Fürsorge) oder weil wir ihnen nicht zutrauen, mit der Realität umgehen zu können bzw. wollen (falsches Menschenbild).

Ich erinnere mich an einen Geschäftsführer, der mir einmal erzählte, er würde seinen Mitarbeitern alle Spielräume lassen. Nur zwei Dinge kämen nicht in Frage: Erstens würde er sie nie mit zum Kunden nehmen und zweitens seien die Finanzkennzahlen tabu. Als sei Mitarbeitern ein vollständiges Verständnis für die Wertschöpfung möglich, indem sie nur selektiven Zugang zu den ihr zugrundeliegenden Einflussfaktoren haben. Und als seien diese Einflussfaktoren überhaupt getrennt voneinander zu denken.

Wenn wir so handeln, dann können wir von unseren Mitarbeitern auch kein unternehmerisches Verhalten erwarten. Das Gegenteil müssten wir also tun. Wir müssten die Oberfläche zum Markt vergrößern. Wir müssten Kunden ins Unternehmen einladen und sie von ihrem Alltag berichten lassen. Wir müssten interne Wettbewerbsmessen ausrichten, wo wir konkret und erlebbar zeigen, was der Wettbewerb tut. Wir müssten die Finanzkennzahlen so aufbereiten, dass sie übersichtlich und verständlich sind. Wir müssten hausgemachte, nach innen gerichtete Kennzahlen abschaffen. Und einiges mehr.

Grund Nr. 4: Weil Mitarbeiter sich im System optimieren.

Wenn du dich bei den ersten drei Gründen „ertappt" fühlen solltest, dann erklärt dir dieser vierte Grund, warum deine Mitarbeiter in der Konsequenz die von dir erhoffte Verantwortungsbereitschaft vermissen lassen. Denn Menschen optimieren sich immer im System. Sie nehmen die Kraftfelder wahr, die auf sie wirken und passen sich ihnen an.

Im Durchschnitt sind Menschen extrem konformistisch. Da soziale Akzeptanz eine evolutionäre Überlebensnotwendigkeit war, sind wir darauf programmiert, dazugehören zu wollen. Dazu folgen wir sozialen Mustern.

Wenn ich als Manager also Verhalten verstehen will, dann lohnt es sich nach den wirkenden Mustern und ihren Ursachen zu suchen. Denn dann kann ich Verhalten ändern, in dem ich die Ursache von Mustern beeinflusse, anstatt die Fehler bei den einzelnen Mitarbeitern zu vermute. Die gute Nachricht ist dabei: Anstatt jeden Mitarbeiter entwickeln zu müssen, reicht es, die Organisation zu entwickeln. Das ist deutlich aufwandsärmer.

„Aber es gibt doch Ausnahmen. Ich habe doch Mitarbeiter, die Verantwortung übernehmen und sich eindeutig von ihren Kollegen unterscheiden, trotz unserer starren Strukturen." Ja klar, es gibt immer mal Ausnahmen – quergestellte Pferde nennt sie ein Kollege von mir gerne. Mitarbeiter, die am System vorbei arbeiten, auch wenn es wenig Platz lässt. Das sind die Mitarbeiter, die wir uns wünschen. Oder doch nicht?

Wir wünschen uns ihre Initiative, aber nicht ihren Ungehorsam. Vor allem vergessen wir dabei aber, wie ihr Verhalten zu erklären ist. Solche Mitarbeiter sind in der Regel inoffiziell legitimiert, sich entgegen der Norm zu verhalten: „Ja, der Daniel bearbeitet doch einen ganz anderen Markt, da muss man schon mal Ausnahmen machen."

Manchmal arbeiten diese Mitarbeiter auch noch nicht so lange im Betrieb, sodass sich die versteckte kulturelle Abrichtung noch nicht auswirken konnte. Früher oder später wird jedoch auch der größte Quertreiber assimiliert. Und wenn nicht, mögen wir ihn wahrscheinlich ohnehin nicht ertragen, weil er uns neben seinen guten Ideen zu viele Probleme bereitet.

Also lautet auch hier die eindeutige Erkenntnis: Wir müssen aufhören, nach den Helden zu suchen, von denen wir uns mehr wünschen. Stattdessen müssen wir uns fragen, welcher institutionelle Rahmen unsere Mitarbeiter von der Verantwortungsübernahme abhält.

Grund Nr. 5: Weil eine Prophezeiung sich immer selbst erfüllt.

Wenn wir glauben, dass wir nicht die richtigen Leute haben – präziser gesagt: dass unsere Mitarbeiter mit Zahlen nicht umgehen können, keine Verantwortung übernehmen, im entscheidenden Moment nicht genau hingucken, nachlässig sind und die Bedürfnisse unserer Kunden einfach nicht verstehen – wenn wir das annehmen, dann möchten wir dem Rechnung tragen. Also bauen wir sicherheitshalber einen kleineren Käfig (1. Grund), geben ihnen ein Tortenstück mit der unterschwellig transportierten Erwartung, es unangetastet zurückzugeben (2. Grund) und schützen sie vor den Finanzkennzahlen sowie den Kunden (3. Grund). Dieses von uns gebaute System tut dann sein Übriges und sorgt für das von uns unerwünschte Verhalten (Grund Nr. 4).

Und schon ist die selbsterfüllende Prophezeiung perfekt. Wir beobachten die Mitarbeiter in dem von uns gebauten Kontext und fühlen uns in unserer Annahme bestätigt, dass modernere Führungsansätze mit unseren Mitarbeitern nicht umsetzbar sind.

Grund Nr. 6: Weil komplexe Wertschöpfung aus der Distanz aussieht wie Gemauschel.

Mitarbeiter anhand des von uns beobachteten Verhaltens zu beurteilen, ist zusätzlich problematisch, weil wir die Wertschöpfung, die sie betreiben, selbst oft nicht verstehen.

Wenn Mitarbeiter kreative Arbeit leisten, also Probleme lösen, für die es in der Organisation noch kein Wissen gibt – neue Projektumfänge, neue Kundenanfragen, neue Technologien, neue Produktfeatures etc. – dann tun sie Dinge, die vor ihnen so noch niemand getan hat. Um dabei erfolgreich zu sein, dürfen sie sich gerade nicht an die bisherigen internen Vorgaben halten. Sie müssen also Umwege finden, die Regeln ignorieren, die Prozessanweisungen zu ihrem Zweck auslegen, Reportings etwas schmücken, um Zeit zu gewinnen, Audits als Theater interpretieren und vor allem durchgehend in dem Bewusstsein handeln, dass sich viele ihrer Annahmen als Irrtum herausstellen könnten.

Wenn wir das von „oben" beobachten, dann liegt der Verdacht des Gemauschels nicht fern. Und dann sind wir geneigt, unsere eigenen Mitarbeiter als Chaoten zu bezeichnen, die nicht wissen, was sie tun. Doch zielloses Gemauschel und die zielgerichtete Wertschöpfung der Ausnahme sehen sich auf den ersten Blick zum Verwechseln ähnlich.

Doch, mit diesen Leuten!

Du siehst also: Die eigenen Mitarbeiter „richtig" einzuschätzen, ist extrem schwer, eigentlich ist es sogar unmöglich. Denn schon die eigene Beobachtung verfälscht den Beobachtungsgegenstand. Für Konstruktivisten, Physiker und Systemtheoretiker ist das keine Neuheit. Für uns Unternehmer und Führungskräfte ist das aber eine gewöhnungsbedürftige Denkweise. Eine sehr wichtige allerdings.

Früher konnten es sich Manager leisten, auf diesem Auge blind zu sein. Die heutige dynamische Wertschöpfung folgt aber ganz anderen Mechanismen. Und dazu brauchen wir ein ebenso neues Denken. Sonst drehen wir uns im Kreis und fallen immer wieder auf den beliebten Denkfehler rein, dass unsere Leute nicht zu gebrauchen sind.

Erst andersherum kommen wir aus der Falle. Indem wir nämlich davon ausgehen, dass unser Unternehmen schon die richtigen Leute an Bord hat. Wie jedes andere Unternehmen auch. Wir können also loslegen.

Und wir sollten uns auf keinen Fall von dem einen Prozent der schwarzen Schafe abhalten lassen. Die mag es geben und vielleicht hast du auch ein paar Pappnasen in deinem Betrieb. Erstens wirst du jedoch nie wissen, welche das wirklich sind, bevor du keine grundlegenden Änderungen am institutionellen Rahmen vorgenommen hast. Und zweitens richtest du deine Organisation dann an dem einen Prozent der Kollegen aus, anstatt auf die Wirkung der 99% zu vertrauen.

Die praktische Beobachtungen von hunderten, auch konservativsten Unternehmen, lässt bei mir inzwischen keinen Zweifel mehr: Mit unseren Leuten geht das!

Anders handeln

Teil 3: Impulse 17 - 24

17 Frag dich mal ...

Ein Qualitätssieb für Ideen

Für dich als Manager steht früher oder später das nächste größere Problem vor deiner Tür. Und wer Probleme hat, stellt Fragen: Wie finde ich die passenden Mitarbeiter? Wie werden wir innovativer? Wie gewinnen wir diesen Auftrag? Wie überzeuge ich meine Kollegin? Wie besetzen wir unsere Teams? Wie führe ich das neue IT-System ein? Wie halte ich eine gute Rede? Usw.

Das Problem an diesen Fragen ist: Sie sind alle falsch!

Sorry, falsche Frage

Diese Fragen haben etwas gemeinsam. Sie beginnen alle mit dem Wort „Wie". Wie-Fragen sind typisch, wenn man sich Probleme vom Hals schaffen will. Deshalb kriegen wir sie so oft gestellt. Ich höre sie täglich.

In Wie-Fragen ist jedoch bereits eine Ausgangsannahme eingebaut, die es in sich hat. Wann immer eine Frage zur Lösung eines Problems mit dem Wort „Wie" beginnt, unterstellst du implizit, das Problem sei mit Wissen lösbar. Mit anderen Worten: Du unterstellst, es gäbe auf deine Frage eine grundsätzliche Antwort.

Das ist nicht immer falsch. Für manche Probleme ist das zielführend. Denn es gibt Probleme, für die gibt es grundsätzlich gültige Lösungen: Wie schalte ich die Maschine ein? Wie finde ich heraus, wer unser Produkt in der Vergangenheit gekauft hat? Wie reiche ich eine Handels- und Steuerbilanz ein? Wie berechne ich die Konvertierungsrate einer Online-Marketing-Kampagne?

Diese Probleme entstehen durch mangelndes Wissen. Man könnte das Wissen zur Lösung dieser Probleme haben, hat es aber nicht. Also ist es vernünftig, danach zu fragen. Die Wie-Frage führt zum Ziel.

Anders ist das bei komplexen Problemen. Probleme, für deren Lösung es gar kein Wissen geben kann. Oder präziser: Probleme, für die Wissen allein nicht ausreicht. Probleme, für die es neue Ideen braucht.

Die Probleme in der Einleitung sind aus diesem Holz geschnitzt. Nehmen wir das Problem der Personalauswahl: Du hast mehr Arbeit als Mitarbeiter, die sie bewältigen können. Bewerbungen liegen auf dem Tisch. Du willst eine Person einstellen. Welche ist die richtige? Wie löse ich das Problem „richtige Mitarbeiterauswahl"?

Sobald du diese Frage stellst, findest du natürlich auch Antworten: Assessment Center. Eignungs- und Einstellungstests. Potenzialanalysen. Ah, damit könnte es gehen, denkst du dir vielleicht.

Doch keine dieser Personalauswahlinstrumente kann die für dich passende Lösung liefern – höchstens zufällig. Denn bereits die Frage war ja falsch. Die Frage „Wie identifiziere ich den richtigen Kandidaten?" unterstellt, das Problem sei kausal. Sie unterstellt Zusammenhänge, die sich objektiv zu Wissen bündeln lassen. Sie unterstellt, eine Methode könnte zuverlässig ein komplexes Problem lösen. Das ist ein Denkfehler.

Doch warum ist das wichtig? Wie hilft dir diese Erkenntnis?

Wie du Verschwendung erzeugst – und wie nicht

Wenn du die Antworten auf deine Wie-Fragen ernst nimmst, ergreifst du daraufhin Maßnahmen. Denn die Antwort auf jede Wie-Frage ist ja eine Maßnahme. Du entscheidest dich zum Beispiel, ein Assessment Center einzuführen.

Wenn das Ergebnis dich anschließend nicht befriedigt, wirst du neue Wie-Fragen stellen. Und das geschieht meist innerhalb der Grenzen des bisherigen Lösungsversuchs: „Wie können wir das Assessment Center verbessern?" Wieder bekommst du eine Antwort, die zu neuen Maßnahmen verführt. Und so weiter.

Solange du „Wie" fragst, legst du die Saat für konkrete Ratschläge, die in der Einführung neuer Maßnahme mündet. Wenn die Maßnahme daraufhin das Problem nicht löst – was wahrscheinlich ist, wenn es sich um ein komplexes Problem handelt –, hast du Ressourcen verbraucht, ohne einen Nutzen zu stiften.

Bekannt als Kunst des Weglassens oder auch via negativa, steckt in der Alternativ-Frage „Wie nicht?" eine fundamentale Erkenntnis: Wenn ich „Wie" frage, verführt die Antwort zum Hinzufügen. Wenn ich „Wie nicht" frage, verführt die Antwort zum Weglassen. Anstatt neue Prozesse, Richtlinien, Regeln, Methoden, Rituale etc. einzuführen, lädt die „Wie nicht"-Frage dazu ein, auf sie zu verzichten oder gar alte abzuschaffen.

Meistens befreit das ein Unternehmen von unnötigem Ballast und richtet die Aufmerksamkeit wieder nach außen auf den

Markt, weg von internen Referenzen. Denn die meisten Unternehmen führen immer nur ein, aber schaffen kaum ab. Deshalb sind die meisten Unternehmen verstopft, schwerfällig, bürokratisch, übersteuert. Eben weil immer nur Neues hinzugefügt wird.

Die Kunst des Weglassens hat tiefe erkenntnistheoretische Wurzeln. Etwas zu falsifizieren, ist viel einfacher als etwas zu verifizieren. Mit anderen Worten: Ich kann viel einfacher belegen, das etwas nicht gilt, als zu beweisen, das etwas Gültigkeit hat. Berühmt ist das Beispiel von Nassim Taleb: Ein einziger schwarzer Schwan reicht aus, um zu beweisen, dass nicht alle Schwäne weiß sind. Wer beweisen will, dass es nur weiße Schwäne gibt, muss zunächst alle Schwäne finden.

Auf die Suche nach dem zu gehen, was nicht funktioniert, ist effizienter und erkenntnisfördernder, als herausfinden zu wollen, was funktioniert. Die Vorteile reichen aber noch viel weiter.

Vorsicht, Denkzwang!

Wenn du „Wie" fragst und Antworten bekommst, bist du nicht zum eigenen Denken verpflichtet. Du kannst sofort handeln. Und wenn du an Grenzen stößt, bittest du um Hilfe und erhältst daraufhin neue Ratschläge. Damit steigt erneut die Wahrscheinlichkeit für eine neue Maßnahme und damit für das Bestehenbleiben des ursprünglichen Problems.

Warum? Weil – davon gehen wir aus – dein Problem ja keines ist, für das es allgemeingültige Lösungen gibt.

In dem Moment, wo du „Wie nicht" fragst, kehrt sich das Spiel jedoch um. Mit einem Mal bist du zurückgeworfen auf den Zwang zum eigenen Denken und damit auf dem Pfad zur gedanklichen Unabhängigkeit.

Die Suche nach Antworten auf die „Wie nicht"-Frage irritiert in der Regel. Leere Gesichter! Manchmal folgt der Vorwurf des negativen Denkens: „Sei doch nicht so eine Spaßbremse. Lass uns lösungsorientiert an die Sache rangehen."

Meiner Erfahrung nach sind diese Reaktionen meist Ausdruck der Angst vor der Leere, der man sich stellen müsste, wenn man selbst denkt. Dann würde einem nämlich plötzlich auffallen, dass da nichts ist, womit man denken kann. Es fehlen Kriterien, nach denen man Ideen ausschließen könnte.

Deshalb sind Rezepte so attraktiv. Sie bewahren vor der Anstrengung, denken zu müssen und Verantwortung zu übernehmen. Wenn nichts da ist, womit ich denken kann, bin ich verzweifelt. Das Rezept verspricht mir eine sofortige Entlastung: „Assessment Center? Oh ja, klingt gut, das probieren wir auch mal."

So ging es mir zum Beispiel Anfang 2019, als ich mich erstmals systematisch mit der Frage beschäftigt habe, wie ich finanzielle Vorsorge für die Rente betreiben und mich zugleich vor einer möglichen Rezession schützen kann. Ratschläge habe ich daraufhin viele bekommen, doch ich war ja sensibilisiert. Ich wollte ja gerade keine Rezepte, weil mir ihre Gefahren bekannt waren. Also fragte ich „Wie nicht". Bloß konnte ich darauf keine Antwort geben. Da war nur gähnende Leere in meinem Kopf.

Ich hatte selbst zahlreiche Ideen und viele weitere wurden mir vorgeschlagen. Doch auf welcher Basis sollte ich denn nun anfangen, zwischen den potenziell nützlichen und den garantiert nutzlosen Ideen zu unterscheiden? Da war nichts, keine Kriterien, keine nützlichen Unterscheidungen, nichts.

Mir fehlte ein Qualitätssieb.

Selberdenker-Filter

Und damit komme ich zu einer der wesentlichen Existenzberechtigungen von Theorie. Theorie ist ein Qualitätssieb für das Selberdenken. Die garantiert nutzlosen Ideen fallen durch, die potenziell nützlichen bleiben hängen.

Ohne Theorie ist alles dunkel. Ohne Theorie wirkt jede Idee gleichwertig. Ohne Theorie bleibt einem nichts, als seinem Gefühl zu folgen. Oder eben fremden Ratschlägen.

Gefühle können sehr wertvoll für Entscheidungen sein. Bei vielen sind sie unverzichtbar. Stellen wir Person A, B oder C ein? Am Ende entscheidet das Gefühl. Besonders wertvoll sind Gefühle jedoch gerade dann, wenn ich die Schnappsideen bereits aussieben konnte. Für die restlichen, verwende ich dann mein Gefühl.

Von meinen Ideen zur Vorbereitung auf eine mögliche Rezession konnte ich die meisten ausschließen, nachdem ich mich mit der Geldtheorie und einigen ökonomischen Theorien (allen voran der österreichischen Schule) beschäftigt habe.

Übrig blieb natürlich keine Gewissheit, doch es blieb eine gesteigerte Fähigkeit, viele Ideen als Schnapsideen zu erkennen und auszusieben. Das macht Theorie so praktisch und veranlasste Kurt Lewin zu dem legendären Zitat: „Nichts ist so praktisch wie eine gute Theorie".

Zurück zum Unternehmensbeispiel: Um diese „negative" Frage zu beantworten, nutze ich erneut die Systemtheorie. Mit ihrer Hilfe stelle ich fest, dass Teams komplexe Kommunikationssysteme sind und gar nicht aus Menschen bestehen. Ich verstehe weiterhin, dass sie an ihre Umwelt angepasst sind, sich also von ihrer Umwelt „erziehen" lassen.

Ein Assessment Center ist ein anderes Kommunikationssystem. Es wird nicht vom Markt erzogen, sondern von der Personalabteilung. Kommunikation, die ich dort beobachte, löst Probleme sozialer Erwartungen. Dies auf einzelne Bewerber zurückzurechnen, verrät mir nichts über die Passung für ein Team in der Wertschöpfung. Assessment Center kann ich also weglassen.

Frag immer zwei Fragen

Wann immer du vor einem Problem stehst, frage dich zunächst: „Ist es komplex? Kann es überhaupt eindeutiges Wissen für das Problem geben?" Lautet die Antwort ja, fragst du weiter: „Wie nicht? Was sollte ich nicht tun? Was kann ich ausschließen? Welchem Rat sollte ich nicht folgen?"

Jetzt liegt die Verantwortung zum Denken bei dir. Jetzt kann dir auffallen, ob du einen Qualitätsfilter für deine Ideen hast. Jetzt lädst du dich selbst dazu ein wegzulassen.

Und so entfaltet sie sich immer wieder auf ein Neues: die positive Kraft des negativen Denkens.

Hmmm ...

Der Kern dieses Beitrages wurde, als ich ihn zum ersten Mal veröffentlichte, von einigen missverstanden. Ob du „Wie?" oder „Wie nicht?" fragst, macht natürlich keinen Unterschied, wenn du damit einfach nur die Suche nach Ideen einleiten möchtest – als kreativitätsfördernde Maßnahme sozusagen. So wie beim Brainstorming manchmal auch das Problem umgekehrt wird (Kopfstandmethode). Dann erfüllen die beiden Formulierungen den gleichen Zweck, und der Etikettenwechsel hat keine entscheidende Wirkung.

Es geht aber um den Schritt danach – also nicht um Kreativitätsunterstützung zur Erhöhung möglicher Optionen, sondern gerade um eine Verringerung der Optionen. Wenn ich bereits viele Ideen habe, wird eine Entscheidung schwerer. Ich muss also auf die Suche nach den sinnlosen Ideen gehen, die ich ausschließen kann. Die Frage „Wie nicht?" leitet diesen Suchprozess ein und macht mir bewusst, dass ich einen Filter brauche, mit dessen Hilfe ich Optionen aussieben kann, die nicht in Frage kommen. Genau diesen Zweck leistet Theorie. Sie ist der Qualitätsfilter, an dem nur Ideen vorbeikommen, die möglicherweise zu einer Lösung führen.

Denke beispielsweise an die Messung individueller Leistung: In komplexen Wertschöpfungsstrukturen ist eine solche Messung nicht objektiv möglich. Das kann mir die Theorie verraten und mir damit alle Sackgassen ersparen, bei denen ich dem Irrtum aufsitzen würde, Leistung objektiv messen zu können.

Oder denk an den Start einer Rakete: Mit der Gravitationstheorie und der Mathematik (beides Theorien) kann ich alle

Optionen aussieben, bei denen die Beschleunigung zu gering wäre, um das Gravitationsfeld der Erde zu überwinden.

18 MIT statt AN

Finger weg vom Mitarbeiter

Bestünden Unternehmen aus Menschen, dann ließe sich das in ihnen stattfindende teils idiotische Verhalten nur dadurch erklären, dass die Mitarbeiter Idioten sind. Und dann kann man nur mit Reparatur oder Rausschmiss der Mitarbeiter reagieren. Spätestens die Beobachtung, dass die gleichen Mitarbeiter in anderen Domänen ihres Lebens ganz kluge Dinge tun, bringt dieses Denkgebäude ins Wanken.

Deshalb setze ich mir regelmäßig eine Brille auf, die dir in diesem Buch ständig begegnet: die systemtheoretische Brille. „Unternehmen bestehen nicht aus Menschen", ist eine ihrer Annahmen. Das klingt zwar schräg, hilft aber, dem Geschehen in Unternehmen auf den Grund zu gehen.

An dieser Sichtweise ecken viele an. Denn auf den ersten Blick kann sie menschenverachtend klingen. „Es kommt doch auf den Menschen an!" „Eben", entgegne ich dann meist. „Gerade weil es mir auf die Menschen ankommt, möchte ich ihnen nicht die Schuld für das Verhalten in die Schuhe schieben."

Wenn ich sage „Arbeitet nicht AN den Mitarbeitern!" hören viele „Arbeitet nicht MIT den Mitarbeitern!". Hier beginnt das wirkliche Missverständnis. Denn das wäre ein großer Irrtum.

Natürlich macht die Arbeit MIT den Mitarbeitern Sinn. Mehr denn je. Schließlich ist die Wertschöpfung mehr denn je auf ihre Ideen angewiesen. „Früher" reichte ihre Pflichterfüllung, heute kommt es auf ihr Engagement an. Außerdem blickt jeder

Mitarbeiter aus einer spezifischen Perspektive auf das Geschehen. Diese Beobachtungen sind sehr wertvoll, um gemeinsam wirksame Veränderungen vornehmen zu können.

An den folgenden Beispielen kannst du ablesen, was wirksame Manager von der Mehrheit unterscheidet.

Mit den Mitarbeitern der Organisation auf die Schliche kommen

Viele Manager wollen den Mitarbeitern auf die Schliche kommen. Sie sehen die „Schuld" für unerwünschte Verhaltensweisen in deren Fähigkeiten oder Mindset. Denn sie glauben, das Verhalten wäre das Ergebnis der Persönlichkeitsstrukturen von Menschen. Dementsprechend wollen sie die Mitarbeiter ändern und versuchen durch Leitbilder, Workshops und Schulungen, AN den Mitarbeitern zu arbeiten.

Wirksame Manager versuchen, MIT den Mitarbeitern der Organisation auf die Schliche zu kommen, indem sie gemeinsam auf Ursachensuche gehen. Für sie ist immer das Spiel schuld, nie die Spieler. Sie suchen gemeinsam nach Mustern, die im Hintergrund wirken. Sie fragen sich, welche Rahmenbedingungen geändert werden müssen, damit wünschenswertes Verhalten wahrscheinlicher wird.

Objektivierung unterlassen

Viele Manager versuchen, alles zu messen und ihre Mitarbeiter dabei auf vermeintlich objektive Zahlen zu reduzieren. Damit wollen sie Vergleichbarkeit herstellen und Verbesserungsmaßnahmen ableiten. Messungen werten aber das Messbare auf und das Unmessbare ab. So wird Zusammenarbeit erschwert, weil die Aufmerksamkeit immer nur auf das Messbare gelenkt wird. Die Objektivierung raubt einer Organisation das Herz und führt dazu, dass alle AN-einander arbeiten wollen.

Wirksame Manager verzichten überall dort auf Objektivierungsversuche, wo es auf die Zwischentöne ankommt. Dadurch entsteht Platz für das, was Menschen „in Freiheit" suchen: Dialog, konstruktive Konflikte, Lerngelegenheiten, Erwartungsabgleiche. Sie können sich nicht mehr hinter einer Scheinwelt objektiver Kriterien verstecken. Sie sind zur Übernahme von Verantwortung gezwungen, sonst kommen sie nicht weiter. Was folgt ist Arbeit MIT-einander.

Verantwortung für die Selbstentwicklung fördern

Viele Manager unterstellen Mitarbeitern Entwicklungsbedürftigkeit. In der Folge verordnen sie mithilfe der HR-Abteilung Personalentwicklungsmaßnahmen. Manche davon sind unumstritten (Sicherheitseinweisungen bspw.). Die meisten passen jedoch nicht zum eigentlichen Bedarf: zu holzschnittartig, zu viele Streuverluste, zu abstrakt, zu erzwungen. Solange Mitarbeiter nur Schulungsleistungen empfangen, aber nicht selbst auswählen, führt jedes Entwicklungsangebot zu einer neuen Nachfrage. So entsteht der berühmte „dumme" Wasserkopf, der die Arbeit AM Mitarbeiter optimieren will.

Wirksame Manager erwarten von ihren Mitarbeitern, dass sie sich selbst entwickeln. Sie fordern und fördern Einzelentscheidungen. Dazu schaffen sie Rahmenbedingungen (Zeit, Räume,

Zugang zu Angeboten, Budget etc.) und überlassen die Verantwortung dem Einzelnen. Sie gehen davon aus, dass jeder Mitarbeiter „fit" für seine Arbeit sein will und immer dann dafür sorgt, wenn es offensichtlich ist, dass ihm diese Verantwortung nicht abgenommen wird.

Wechselseitiges Bekenntnis ermöglichen

Viele Manager versuchen, die Bindung der Mitarbeiter zu erhöhen, indem sie einen Ausgleich zur Arbeit schaffen. Dabei unterstellen sie implizit, dass die Mitarbeiter die Arbeit als Last verstehen. Durch Bindungsprogramme oder Glücksbewirtschaftung überhöhen sie sich über die Mitarbeiter, indem sie sich für deren Bindung verantwortlich fühlen. Die Arbeit ist Nebensache, im Vordergrund steht das Drumherum.

Wirksame Manager gehen davon aus, dass jeder Mensch wirksam sein und einen Fußabdruck hinterlassen will. Sie fragen sich MIT den Mitarbeitern, wie die Arbeit organisiert sein muss, damit diese möglichst erfolgreich ist. Sie verstehen ein Arbeitsverhältnis als symmetrische Leistungsbeziehung, in der Bindung ein Ergebnis wechselseitiger Bekenntnis ist, nicht opportunistischer Manipulation. Die Arbeit selbst steht im Vordergrund.

Am Erfolg beteiligen

Viele Manager unterstellen Mitarbeitern mangelnde Motivation. Um diese zu reparieren, schaffen sie Anreize in Form von Belohnungen oder Bestrafungen. Mit Bonuszahlungen, schlechten Beurteilungen, Lob und Tadel arbeiten die Manager AN den Mitarbeitern.

Wirksame Manager verstehen Leistung immer als Ergebnis von Zusammenarbeit. Sie unterstellen Mitarbeitern ein Interesse am gemeinsamen Erfolg. Deshalb reizen sie Mitarbeiter nicht an, sondern teilen MIT den Mitarbeitern die erlegte Beute, z.B. in Form von Gewinnausschüttungen.

19 Mensch, Organisation, Change

Vier Ansätze wirksamer Organisationsentwicklung

Wenn Arbeit das ist, was den Wert eures Produktes oder eurer Dienstleistung erhöht, dann ist alles andere nur Beschäftigung. Du kannst acht Stunden im Büro sitzen, davon aber nur 5% der Zeit arbeiten und 95% der Zeit beschäftigt sein. Zum Beispiel damit, einen Bericht zu erstellen. Wenn der Kunde dadurch nicht mehr Wert erfährt, ist es Beschäftigung, keine Arbeit.

Eine Veränderung ist also nur dann auch eine Verbesserung, wenn sie dazu führt, dass Mitarbeiter mehr Zeit für Arbeit haben und weniger Zeit mit Beschäftigung verbringen. Deshalb sollte jede Veränderung der Wertschöpfung dienen. Tut sie das nicht, ist sie Selbstzweck. Und alles was als Selbstzweck wahrgenommen wird, quittieren die Mitarbeiter früher oder später mit Belächelung und Zynismus.

Arbeit befriedigt, Beschäftigung frustriert – auf Dauer jedenfalls. Deshalb profitieren Unternehmen langfristig nicht nur betriebswirtschaftlich von einer wertschöpfungsorientierten Organisationsentwicklung, sondern auch sozial.

Die Befriedigung von Kundenbedürfnissen macht stolz und beflügelt. Wer will schon in einem Unternehmen arbeiten, indem man versucht happy zu sein, ohne jemals Wirkung im Markt zu erzielen. Dass sowas demotiviert, kann man hervorragend am Beispiel vieler Startups sehen, die dauerhaft keine Kunden gewinnen. Zufriedenheit der Mitarbeiter? Fehlanzeige! Wohlgemerkt trotz der tollen Büros, flexibler Arbeitszeiten, beneidenswerter Kapitalausstattung und flacher Hierarchien.

Wenn du eine wertschöpfungsorientierte Organisationsentwicklung betreiben möchtest, können dir die folgenden vier Ansätze helfen.

1. Ansatz: Verbesserung durch Weglassen

Wenn zu viel Beschäftigung die Wirksamkeit mindert, dann liegt der Schlüssel zu mehr Wirkung in der Vermeidung von Beschäftigung. Was also löst Beschäftigung aus? Es hat sich ja niemand gewünscht, dass die Mitarbeiter beschäftigt sind anstatt zu arbeiten.

Beschäftigung entsteht in den meisten traditionell geführten Unternehmen durch die schier unendliche Zahl kleinerer und größerer Management-Instrumente, die so viel Bürokratie auslösen, dass keine Zeit für die echte Arbeit bleibt.

Einen der größten Beiträge zum Erfolg von Unternehmen und der Zufriedenheit der Mitarbeiter leistet die konsequente Suche und Beseitigung solcher, die Beschäftigung fördernden Management-Instrumente. Seien es Rituale, Verfahren, IT-Strukturen, Richtlinien, Vorgaben, Prozesse, Checklisten – der ganze Staub, der sich in einer Organisation ansammelt, gehört regelmäßig weggeputzt. Je weniger interne Störquellen, desto mehr Aufmerksamkeit können eure Mitarbeiter der nach außen gerichteten Befriedigung von Kundenbedürfnissen widmen.
Der Haken an der Sache ist, dass die meisten dieser Praktiken

heiße Eisen sind. Oder heilige Kühe. Oder beides. Sie werden ungern angefasst, weil sie so selbstverständlich wirken. „Wie jetzt? Kostenstellen hinterfragen? Wer käme denn auf die Idee? Gab es schon mal eine Welt ohne?" Das gleiche gilt für 360° Feedbacksysteme, Budgetprozesse, Dienstreiseregelungen, Gehaltsbänder, Investitionsanträge, Mitarbeiterbefragungen, Provisionen, Rekrutierungsprämien, Reportingsysteme, Talentprogramme, Zielsysteme und vieles mehr.

Das Heimtückische ist, dass die meisten Management-Instrumente auf den ersten Blick ganz unscheinbar und zugleich professionell daherkommen. Erst bei genauerer Inspektion entpuppen sie sich als echte Beschäftigungsherde.

Mein Rat: Richtet euch in eurem Management-Meeting bzw. einem passenden Forum ein neues Ritual ein, den Praktiken-Putz. Ihr nehmt euch auf regelmäßiger Basis 30 bis 45 Minuten Zeit, in denen ihr euch eine oder mehrere Praktiken vornehmt und folgende Fragen durcharbeitet:

· Welche Überzeugung liegt dieser Praktik zugrunde? Warum haben wir sie einmal eingeführt?

· Fördert sie Beschäftigung oder Arbeit? Wie genau?

· Wenn wir diese Praktik abschaffen, brauchen wir dann einen Ersatz und wenn ja, welchen?

· Wie könnten wir eine Veränderung risikoarm erproben?

· Wer könnte Lust haben, daran freiwillig mitzuarbeiten?

Nachdem ihr den „Schalter" umgelegt habt, beobachtet ihr die

Reaktion der Organisation. Die ist nämlich immer unvorherseh-bar. Manchmal muss man länger hinsehen, um eine positive Wirkung zu beobachten. Und manchmal war die Hypothese falsch und man muss nochmal nacharbeiten. Veränderung ist komplex.

Zur Unterstützung dieses Praktikenputzes haben wir übrigens das Spiel „Play Change" entwickelt, das wir in der inzwischen 3. Auflage vertreiben: https://mpborg.com/playchange

2. Ansatz: Veränderung durch die kräftige Entscheidung

Es gibt Praktiken, deren schädliche Wirkung sowohl theoretisch als auch empirisch seit Jahrzehnten nachgewiesen ist. Ihr wi-derspenstiges Verharren im betrieblichen Alltag gleicht des-halb einer Sensation.

Zu diesen Praktiken gehört zum Beispiel die leistungsabhän-gige Vergütung. Außer den mit ihrer Abschaffung verbunde-nen Übergangsschmerzen gibt es keinen einzigen guten Grund, keine valide Studie und keine theoretische Grundlage, sie im betrieblichen Alltag aufrechtzuerhalten. Für solche Praktiken, bei denen kein Zweifel an ihrer destruktiven Wirkung besteht, geht es nicht mehr um die Frage ob, sondern nur, wie man sie abschafft.

Was es dann braucht, ist eine kräftige Entscheidung durch den Top-Entscheider im Unternehmen. Bosch ist ein schönes Bei-spiel für die Durchsetzung einer kräftigen Entscheidung: Das Unternehmen hat Anfang 2016 den individuellen Leistungsbe-standteil der Boni gestrichen.

Natürlich gibt es nach so einem Eingriff ein paar Nachbeben. Ja, auch die Kultur mag vorübergehend einige unvorhergesehene Überraschungen präsentieren. Aber langfristig besteht an dem Nutzen einer solchen Veränderung kein Zweifel. Und er wird die Beschäftigung reduzieren und damit die Arbeit erhöhen.

An dem Beispiel der leistungsabhängigen Vergütung kann man das wunderbar verdeutlichen. Sie beschäftigt Mitarbeiter in der Personalabteilung mit der Verwaltung; im Finanzbereich mit der Buchhaltung; sie beschäftigt Führungskräfte mit der unbequemen Aushandlung und im Zweifel beschwichtigenden und taktischen Gesprächsführung bei der Zielfestlegung und -verfolgung; sie beschäftigt Mitarbeiter mit dem gleichen Ritual auf der anderen Seite; und sie beschäftigt natürlich bei dem Versuch der Erreichung von Zielen, die längst obsolet sind.

Andere Beispiele, bei denen wenig gegen eine kräftige Entscheidung zur Abschaffung der Praktik spricht: Umsatzziele, Forced Ranking, individuelle Zielvereinbarungen, Werteentwicklungsprogramme oder Dienstreiseregelungen.

3. Ansatz: Veränderung durch Legitimation informeller Strukturen

Wenn Mitarbeiter im Alltag mit vielen Überraschungen umgehen müssen und dabei auf eine formale Struktur stoßen, die sie behindert, dann weichen sie unweigerlich auf informelle Strukturen aus.

Praxisbeispiel: Eine neue Simulations-Software, die von einigen Kollegen entdeckt wurde, hat großes Potenzial und verspricht, einige Montagevorgänge in einem mittelständischen Produktionsunternehmen deutlich besser vorbereiten zu können. Davon erhoffen sich die Kollegen einen starken Rückgang in den Nacharbeiten und unvorhersehbaren Verzögerungen, was wiederum den Taktausgleich und die Kapazitätsauslastung verlässlicher machen sollte.

Das Dumme ist: Keiner kann es nachweisen. Es fehlen die harten Fakten. Könnten die Kollegen selbst über den Kauf der Software entscheiden, wäre die Sache klar. Die formale Struktur entzieht der Wertschöpfung allerdings zugunsten eines Freigabeverfahrens das unternehmerische Entscheidungskalkül. Stattdessen fördert es Beschäftigung.

Stundenlang ziehen sich die Kollegen Kennzahlen aus den Haaren, kreieren Funny-Money, biegen Argumentationen zurecht und führen taktische Vorgespräche mit anderen Führungskräften, um ihre Chancen auf eine Freigabe zu erhöhen. Schließlich wird der Antrag abgelehnt. Zu teuer! Zu wenig Nutzen!

Die Kollegen sind aber so überzeugt von der Lösung, dass sie mit vergleichbarer Freeware selbst einige Simulationen durchführen. Mit überragendem Erfolg. An der formalen Struktur vorbei, entwickelt sich eine tabuisierte Wertschöpfungsstruktur, von der Mitarbeiter der Montage, der Arbeitsvorbereitung und eines Prozessverbesserungsteams Gebrauch machen.

Eine der Geschäftsführerinnen erfährt am Rande von der neuen „Parallelwelt". Sie erkennt den Nutzen, ist sich aber auch sofort der Sensibilität bewusst, die hier gefordert ist: „...ist gut, ist gut. Ich will gar nicht mehr hören. Macht ihr mal. Lasst mich da lieber raus." Ihr ist klar: Darüber kann öffentlich nicht geredet werden.

Das Unternehmen profitiert erheblich von den Vorteilen dieser tabuisierten Wertschöpfungsstruktur. Doch das Problem ist, dass die Tabuisierung gleichzeitig ein hohes Maß an Beschäftigung zur Folge hat. Und zwar in Form von Business-Theater. Ein wirksamer Eingriff in ein Unternehmen kann also nun in der Legitimation dieser Parallelstruktur bestehen. Ein formal Mächtiger könnte die Ausnahme von der Regel als legitime Notwendigkeit beschützen.

In Unternehmen, die einer hohen Dynamik ausgesetzt sind, gibt es viele solcher informellen Strukturen, die die Wertschöpfung gewährleisten. Und somit viel Potenzial, Beschäftigung zu verringern. Denn mit jeder legitimierten Ausnahme erübrigt sich der Zwang zum Theater. Und damit bleibt wieder mehr Zeit für echte Arbeit.

Das Ganze hat einen weiteren Vorteil: Man verringert die Wahrscheinlichkeit, dass Mitarbeiter sich am Rande der Illegalität bewegen müssen.

Stelle dir eine informelle Wertschöpfungsstruktur vor, die durch die Nutzung von Schatten-IT gefährlich nahe an der Gesetzesgrenze entlangschrammt, diese vielleicht sogar gelegentlich überschreitet. Ganz im Interesse der Wertschöpfung wohlgemerkt. Die Mitarbeiter würden auch gerne überprüfen, ob sie gegen Gesetze verstoßen. Doch um das herauszufinden, müssten sie ja mit dem Datenschutzbeauftragten oder einem informierten Vorgesetzten sprechen. Es müsste also ein offizieller Weg auf der formalen Struktur bemüht werden. Doch genau das geht ja nicht.

Die informelle Wertschöpfungsstruktur würde ihre ohnehin schon instabile Tarnung gefährden. Also wurschtelt man weiter, bis das gut gemeinte Engagement der Mitarbeiter irgendwann tatsächlich zu einem Gesetzesbruch führt, der auffliegt. Persönliche Daten von Kunden sind gesetzeswidrig behandelt worden! Jetzt springt die Compliance-Abteilung ein und sorgt für die entsprechenden Folgen: Abmahnung. Presseerklärung. PR-Maßnahme. Man gelobt Besserung. Weiter geht's.

Wäre die Ausnahme jedoch legitimiert worden oder hätte man die Wertschöpfung von Anfang an nur dort gesteuert, wo Steuerung Sinn macht – nämlich bei der Routinearbeit –, dann hätten die Mitarbeiter sich ganz offiziell Rat beim Datenschutzbeauftragen holen können. Damit wäre erst gar kein Gesetzesbruch aufgetreten und die Compliance-Management-Abteilung könnte abgebaut anstatt weiter aufgestockt werden.

Das Großartige bei dieser Art der Veränderung: Die Lösung ist schon da. Es braucht keine geniale Idee mehr. Keine Konzepte. Keinen Berater. Keine Roadmap. Das Management muss einzig und allein das Tabu brechen und vor der Übergriffigkeit der Organisation schützen, indem sie verkündet: „Was hier passiert, ist gut so. Auch wenn es eine Abweichung zur Norm darstellt."

4. Ansatz: Veränderung durch Experimente

Ein Organisationsexperiment, ich nenne es meist Schutzraumprojekt, ist der Legitimation informeller Wertschöpfungsstrukturen ähnlich. Auch hier werden organisatorische Grenzen legitimiert, also Schutzräume ausgerufen. Der Unterschied ist: Es gibt noch keine Lösung, die sich im Organisationsdickicht versteckt. Ein Schutzraumprojekt ist also angebracht, wenn du für einen Teil der Wertschöpfung die Hypothese überprüfen willst, dass es eine bessere Organisation geben könnte, die weniger Beschäftigung und mehr echte Arbeit ermöglicht.

Alles startet mit einer soliden Problembeschreibung. Ohne sie weißt du nicht, was es zu beschützen gilt und welchen Auftrag der Schutzraum erhält. Das ist der anspruchsvollste Teil.

Wenn das Problem beschrieben wurde und für Interesse gesorgt hat, geht es los. Auch hier braucht es freiwillige Heißsporne, die sich von der Idee provoziert fühlen. Auch hier wird die Umgebung, also andere Bereiche im Unternehmen, sich von der Ausnahme irritiert fühlen und darauf mit Gegenwehr reagieren. Genau deshalb braucht es den stabilen Schutzraum durch einen Machtpromotor im Unternehmen. Nur dann können die Mitglieder des Schutzraumprojekts das Risiko eingehen, die bisherige Steuerung zugunsten des Experiments zu ignorieren.

Jegliche Praktiken, die bisher zum Alltag gehört haben, werden im Experiment ausgesetzt. Keine formale Hierarchie, keine Vorgaben, keine Richtlinien, keine Prozessanweisungen, keine Regeln. Der glasklare Auftrag lautet: „Löst das gemeinsam erkannte Problem. Wie, bleibt euch überlassen."

Ein Organisationsexperiment ist zeitlich begrenzt und wird deutlich als solches markiert. „Ihr könnt eure alte Welt wieder zurückhaben", sage ich gerne.

Wenn sich dann für die konkrete Situation, mit den konkreten Mitarbeitern, für diese konkrete Wertschöpfung eine Leistungssteigerung beobachten lässt, dann ist Folgendes bewiesen: Für die konkrete Situation, mit den konkreten Mitarbeitern, für diese konkrete Wertschöpfung ist mit der konkreten Organisationsänderung eine Leistungssteigerung möglich. Mehr nicht. Mit anderen Worten: Schutzraumprojekte sind keine Piloten. Keine Kopiervorlage.

Wenn du aus einer konkreten Lösung eine Blaupause für die ganze Organisation machst, tappst du in die Reißbrettfalle – ein typischer Manager- und Beraterfehler. Dabei gehen wir irrtümlicherweise davon aus, wir könnten eine Organisation gedanklich fassen. Als bestünde sie nur aus dem sichtbaren und beschreibbaren Teil. Wer so denkt, denkt am Reißbrett.

Organisationsentwicklung ist eher wie ein Fußballspiel: Man weiß nie, was als nächstes passiert. Deshalb folgt auf ein gelungenes Schutzraumprojekt womöglich gleich das nächste. So robbst du dich von Problem zu Problem.

Ob ein Experiment erfolgreich war oder nicht, stellst du übrigens am besten anhand des Flurfunks fest. Die vermeintlich objektive Management Summary verrät nichts.

Ein weiterer guter Indikator für Erfolg ist der Wunsch, der an dem Experiment beteiligten Mitarbeiter, genauso weiter arbeiten zu wollen. „Nehmt uns das bloß nicht wieder weg. Jetzt ist doch alles viel besser."

Wer einmal erlebt hat, wie es sich ohne die lästige Beschäftigung arbeiten lässt, der will natürlich nie wieder zurück. Endlich kann man den Kundenbedürfnissen auf direktem Wege nachkommen. Das Gefühl von Wirksamkeit steigt. Das Unternehmen erhöht seine Wirtschaftlichkeit. Die Kunden sind zufriedener.

Die erfolgreichen Organisationsexperimente, die ich begleiten durfte, haben eine andere Kultur hervorgebracht. Eine

Leistungskultur, in der man sich unterstützt, aufhilft, tröstet und Vertrauen schenkt. Kultur spiegelt wider. Ein erfolgreiches Schutzraumprojekt spürt man deshalb kulturell.

So entsteht in Unternehmen mit erfolgreichen Schutzraumprojekten immer auch eine Parallelkultur. Oft verführt das zu der Hoffnung, diese neue Kultur könne die alte erziehen. „Bei uns herrscht eine Mitmachkultur. Wir kooperieren hier ganz anders als in dem Rest des Unternehmens. Ihr müsst euch das mal anschauen. So müsstet ihr auch einmal miteinander umgehen. Das ist einfach so viel besser und erfolgreicher."

Hier wird Ursache und Wirkung verwechselt. Die Kultur kann man sich nicht abgucken und dann auf Erfolg hoffen. Die Kultur ist vielmehr das Ergebnis des erfolgreichen Schutzraumprojekts, also Gedächtnis einer Organisation. Da niemand die Kultur hergestellt hat, kann man sie auch nicht exportieren. Das gleiche Schicksal ereilt Konzerne, die hippe Innovation Labs in Berlin, Hamburg oder München betreiben. Die Mitarbeiter dort mögen auch ganz beseelt sein. Aber auf den Mutterkonzern reibt dieses Miteinander deshalb nicht ab.

Schutzraumprojekte sind im Kern eine Überlistungsstrategie, kein Vorzeigebeispiel. Sie helfen dabei, den Übergriff der herrschenden Kultur abzuwehren. So lassen sich Hypothesen überprüfen, die im Alltag keine Chance hätten. Wenn dann erstmal festgestellt wurde, dass ein und dasselbe Kundenproblem auch auf eine ganz andere Weise erfolgreich gelöst werden kann, hat man die Kultur hinters Licht geführt. Denn ihr Abwehrmechanismus kommt zu spät.

Ich stelle mir Schutzraumprojekte gerne vor wie einen Spielwechsel. Bisher haben alle Schach gespielt. Jetzt haben wir die Fantasie, dass Monopoly erfolgreicher sein könnte. Ohne Schutzraum ist es so, als wolle man Monopoly auf dem Schachbrett spielen. Das muss schief gehen, denn das Schachspiel versucht, sich selbst zu erhalten.

Ein Schutzraumprojekt ist die Einrichtung eines neuen Spielfeldes, auf dem Monopoly gespielt werden kann. Für die Spieler ist das keine Anstrengung. Sobald sie sich in Sicherheit des neuen Spielfeldes wähnen, ändern sie augenblicklich ihr Verhalten entsprechend des neuen Kontextes.

Change ist immer.

Change ist immer im Gange. Change macht man nicht. Die bewussten Eingriffe des Managements oder der Berater sind für die Organisation von den sonstigen Irritationen nicht unterscheidbar. Sie ist ohnehin ständig von ihrer Umwelt irritiert. Ständig passt sie sich leicht an. Als hätte sie eine Unwucht.

Jeglicher bewusste Eingriff muss also ausreichend Anschluss an die bisherigen Muster der Organisation finden. Du kannst dir das vorstellen wie eine Schaukel auf dem Spielplatz, die du versuchst zu beschleunigen oder zu bremsen: Zunächst musst du die Schaukelfrequenz erkennen, um dann aus der Bewegung heraus langsam Fahrt aufzunehmen oder abzubremsen. Wenn du dich einfach nur taktlos auf die Schaukel schmeißt, gibt es nichts als blaue Flecken und kaputte Schaukeln.

Die Schaukelfrequenz der Organisation ist ihre Kultur. Danach schwingt sie tagein, tagaus. Wenn du sie konstruktiv verändern willst, musst du mit ihr schwingen, nicht gegen sie. Das gilt für jeden der vier Ansätze.

Hmmm ...

2017 erschien dieser Beitrag als Artikel auf dem intrinsify-Blog. Blicke ich heute darauf, sehe ich eine Aussage anders: Zu der kräftigen Entscheidung habe ich mich damals zu absolut bekannt. Heute sage ich: Zu individuell, zu verworren, zu sensibel sind Organisationen, als das ich heute noch zu einer grundsätzlichen und uneingeschränkten Abschaffung der genannten Praktiken raten würde.

In Beitrag 8 „Ruderbruch in Zahlen" spiegelt sich diese inzwischen gewonnene Skepsis beispielhaft wider. Je erfahrener ich im Feld der Organisationsentwicklung werde, desto neugieriger, demütiger und geduldiger bin ich geworden. Das beobachte ich auch bei Teilnehmern unserer Ausbildung. Mit dem Verständnis für die Systemtheorie steigt auch der Respekt vor der Komplexität einer Organisation. Die meisten starten mit der Annahme, eine Organisation wäre ein dummes Etwas, das ohne kluge Manager oder Berater nicht auskäme. Mit der Zeit reift die Erkenntnis, dass die Komplexität von Organisationen unsere psychischen Kapazitäten um Längen übersteigt.

Unsere einzige Chance ist die aufmerksame Beobachtung und der gewissenhafte Eingriff. Absolute Wahrheiten sind fehl am Platze. Deshalb nutze ich sie nur noch als polarisierende Statements in unserer Öffentlichkeitsarbeit.

20 Strategisch gut

5 wichtige Faktoren für eine gute Strategie

Strategie ist einer dieser Begriffe, unter dem jeder etwas anderes versteht. Das hat den Vorteil, dass man den Begriff nutzen kann, ohne sich festlegen zu müssen. Die Bedeutungsvielfalt des Begriffs ermöglicht also gerade deshalb die reibungslose Fortsetzbarkeit eines Gesprächs, weil niemand weiß was der andere wirklich meint. So kann man reden, ohne sich zu streiten, aber auch ohne dabei etwas Gehaltvolles zu sagen, geschweige denn Erkenntnisse zu produzieren.

Solche Begriffe nennen wir bei intrinsify Flutschbegriffe, denn sie lassen die Kommunikation flutschen. Manchmal kann es nützlich sein, aneinander vorbei zu reden. Wenn du Führungs- und Organisationsprobleme lösen willst, ist begriffliche Schärfe jedoch alternativlos.

Die Strategie-Definitionen im Duden oder bei Wiktionary sind unbrauchbar, weil sie alles in einen Topf schmeißen. Da werden Plan, Strategie und Taktik sogar als Synonyme angegeben.

Was ist der Zweck einer Strategie?

Eine Strategie braucht ihr, wenn die Zukunft nicht bekannt ist. Das trifft auf immer größere Teile der Wertschöpfung zu. Längst nicht auf alle, aber auf viele.

Wenn schon alles bekannt ist, jeder also die genaue Schrittfolge kennt, um vom heutigen Zustand zu einem angestrebten zu kommen, dann braucht ihr keine Strategie, sondern einen Plan. Der Plan beschreibt den Weg und verteilt Aufgaben.

Wenn mein Unternehmen Routine-Veranstaltungen vorbereitet, dann brauchen wir keine Strategie. Das gesamte Wissen zur Vorbereitung dieser Veranstaltung ist uns bekannt, ganz kleine Ausnahmen ausgenommen.

Oder wenn wir zum Monatsabschluss unsere Umsatzsteuervoranmeldung einreichen. Da gibt es nichts zu erfinden. Da muss die handelnde Person „einfach nur" dem Plan folgen und gelangt damit sicher zum angestrebten Zukunftszustand.

Heute besteht die Arbeit aber nicht mehr nur aus dieser „Wertschöpfung der Norm", sondern immer öfter auch aus der „Wertschöpfung der Ausnahme". Situationen also, in denen Mitarbeiter irgendwo hinkommen wollen, aber nicht wissen wie.

Strategie verhindert Beliebigkeit. Sie sorgt dafür, dass ihr auch ohne vollständiges Wissen und ohne Anweisungen, am Ort des Geschehens, entscheiden könnt.

Das tut eine Strategie, indem sie von der Kunst des Weglassens Gebrauch macht. Eine Strategie sagt einem Mitarbeiter nicht, was er tun soll, sondern was er nicht tun darf. Damit schließt sie viele Optionen aus. Was übrig bleibt, ist ein leerer Handlungsraums, innerhalb dessen Mitarbeiter entscheiden können, ohne jedes Mal fragen zu müssen.

So werdet ihr agiler. Denn während Pläne euer Verhalten festlegen, könnt ihr mithilfe einer Strategie situationsgerecht und flexibel reagieren. Die fünf folgenden Faktoren solltest du dabei im Hinterkopf behalten.

1. Eine gute Strategie besteht nicht aus Trivialitäten.

Ein mir bekannter Geschäftsführer eines mittelständischen Produktionsunternehmens wollte eine neue Strategie auf einer anstehenden Mitarbeiterversammlung verkünden. Dazu bat er mich um eine gemeinsame Reflexion.

Dabei fiel mir auf, dass viele Formulierungen keinen logischen Erkenntnisgewinn brachten und deshalb für die Mitarbeiter nicht handlungsleitend sein würden. Beispiel: „Wir wollen in der Champions League unserer Branche mitspielen."

Dieser Satz ist trivial.

Trivialitäten erkennt man daran, dass das Gegenteil bzw. die Kehrseite der Aussage niemals eine ernstzunehmende Alternative wäre: „Wir wollen auf den Abstiegsplätzen unserer Branche rangieren." Niemand würde das ernsthaft als Parole ausgeben. Natürlich will das Unternehmen gut sein. Mehr sagt diese Aussage ja nicht.

Die Mitarbeiter sind jetzt nicht schlauer als vorher. Ein Mitarbeiter denkt sich ja nicht: „Ah ja, jetzt ist alles klar. Vorher wusste ich nichts von unserem hohen Anspruch, da hab ich mich nicht so ins Zeug gelegt. Aber jetzt, wo ich weiß, dass wir besser sein wollen als unser Wettbewerb, kann ich im Alltag bessere Entscheidungen treffen." Das ist offensichtlicher Unfug. Und dennoch finde ich solche Trivialitäten in vielen strategischen Formulierungen wieder.

Vielleicht denkst du, dass ein hoher Anspruch eine Organisation zu Höchstleistung anspornen kann. Ich bin da skeptisch. Es besteht für mich kein Zweifel, dass eine inspirierende Rede Feuer entfachen und Mitarbeitern Lust auf ein Vorhaben machen kann. Doch ein solches Feuer ist nicht von langer Dauer, wenn die Verhältnisse im Unternehmen dem Feuer keinen Nährboden bieten. Dann verkommt die gute Rede wie so oft zum wirkungslosen Appell.

Wichtiger als die inspirierende Rede ist die Substanz ihres Inhalts, wenn sie eine bleibende Wirkung haben soll. Anstatt Banalitäten zu dokumentieren, sollte sie also für Klarheit sorgen, wo vorher keine war. Eine Formulierung innerhalb einer guten Strategie könnte also eher so lauten:

„Wir entwickeln unser Kreisgeschäft nicht weiter, weil wir unsere Ressourcen auf den wachsenden Markt der Rechtecke konzentrieren wollen." oder

„Wir konzentrieren uns bei unseren Produkten und deren Vermarktung konsequent auf den Markt junger Mütter."

Die beiden Formulierungen schließen andere, ebenso denkbare Optionen aus. Das Unternehmen könnte möglicherweise auch mit einer anderen Option eine Zukunft haben. Doch mit eben dieser Strategie verspricht man sich mehr Erfolg. Es ist nach jetziger Überzeugung die bessere unternehmerische Wette. Jetzt sind alle schlauer. Was gesagt wurde, macht einen logischen Unterschied. Die Strategie steckt einen Handlungsraum ab. Sie schließt aus, ohne festzulegen.

2. Eine gute Strategie nimmt dem Mitarbeiter keine Entscheidungen ab.

„...ohne festzulegen" ist das Stichwort für eine zweite Eigenschaft einer guten Strategie. Denn Strategien sind keine Rezepte. Sie sagen eben gerade nicht, was zu tun ist. Sie schließen zwar viele Optionen aus, lassen aber auch reichlich über, aus denen ein Mitarbeiter in einer Entscheidungssituation auswählen muss.

Eine gute Strategie würde also nie instruktive Formulierungen beinhalten. Etwa: „Wir geben immer einen Rabatt". Das ist eine Regel. Sie sagt dem Verkäufer, dass er unabhängig von der Situation einen Rabatt geben muss. Die Höhe ist damit zwar noch nicht festgelegt, aber dass er rabattieren muss, ist bereits entschieden.

Eine gute Strategie würde eher formulieren: „Wir versuchen dem Kunden immer das Gefühl zu vermitteln, bei uns den günstigsten Preis bekommen zu haben." Damit kein Missverständnis entsteht: „...den höchsten Preis ..." wäre natürlich genauso legitim.

Das erinnert mich an meine Ikea-Besuche. Irgendwie schafft es Ikea, mir immer das Gefühl zu vermitteln, einen guten Deal bekommen zu haben. „Geh zu Ikea, die haben alles und das ist irgendwie auch günstiger als wenn du woanders hingehst." Wenn ich objektiv vergleiche, stelle ich aber fest, dass viele Produkte bei Wettbewerbern günstiger sind, ohne geringwertiger zu sein. Ich kenne Ikea nicht von innen. Mich würde es jedoch nicht wundern, wenn es eine solche Strategie gibt und viele Entscheidungen von dieser Strategie geprägt werden („Lagerhallenverkauf", Marketing, Selbstbedienung etc.).

3. Eine gute Strategie ist kein Ziel.

Manchmal habe ich den Eindruck, unter einer Strategie wird einfach nur ein besseres Ziel verstanden. Mitarbeiter machen Ziele, Manager machen Strategien – oder so ähnlich. Strategien sind aber keine Ziele. Ziele beschreiben einen Sollzustand, während Strategien Handlungsräume eingrenzen.

Der Unterschied ist längst nicht nur sprachlicher Natur. Das Gespräch über Ziele kann natürlich wertvoll für euch sein. Damit entstehen Bilder der Zukunft, über die ihr euch verständigen könnt. Euch auf Ziele festzulegen, ist aber nur innerhalb der Wertschöpfung der Norm sinnvoll.

„Wir wollen die Buchungsgeschwindigkeit bis Ende des Jahres auf unter 20 Sekunden pro Vorfall reduzieren." Das könnte ein sinnvolles Ziel sein, wenn euch nur Wissen fehlt, wie ihr diesen Vorgang optimieren könnt. Wenn es also nur um die Suche eines besseren Weges geht.

Im Kontext komplexer Wertschöpfung – der Wertschöpfung der Ausnahme – ist das Festlegen auf Ziele gefährlich. Denn die Welt ändert sich und unerwartete Zwischenfälle treten ein. Wenn ihr dann auf ein Ziel festgelegt seid und womöglich noch daran gemessen und vergütet werdet, verliert ihr den Blick für die gegenwärtigen Notwendigkeiten. Ihr werdet blind für die neuen externen Reize und befriedigt nur noch die alten internen Referenzen, die Ziele eben.

Strategien hingegen können gut mit Überraschungen umgehen. Dafür sind sie gemacht. Der Abgleich mit der Strategie hilft dem Mitarbeiter, beim Auftreten einer Überraschung, Ausgeschlossenes von Möglichem zu unterscheiden und dann aus den möglichen Optionen die aus seiner Sicht geeignete auszuwählen.

4. Eine gute Strategie ist greifbar.

Viele Strategien sind so unglaublich glattpoliert, dass sie beliebig klingen. „Wir wollen unseren Kunden immer einen spürbaren Mehrwert bieten und dabei auf Qualität setzen."

Mit gutem Willen könnte man in diesem Satz vielleicht noch einen Ausschluss erkennen. Man will auf Qualität setzen und damit wahrscheinlich nicht auf Billigware. Doch die Aussage ist gleichzeitig so gewöhnlich, so austauschbar und so unnatürlich, dass sie als Strategie nichts taugt. Eine gute Strategie ist auf Anhieb einleuchtend und als echte Aussage erkennbar. Eine Aussage wie man sie im Gespräch verwenden würden.

Während der erste der fünf Faktoren die Nicht-Trivialität strategischer Formulierungen adressiert und damit eher auf die Logik einzahlt, geht es mir bei diesem vierten Faktor eher um die Verständlichkeit. Der vierte Faktor soll dich erinnern, dass eine Strategie sprachlich anschlussfähig und der operativen Realität ausreichend nahe sein sollte.

Wenn du eine gute Strategie formulieren willst, dann frage dich: Welche Fragen haben meine Mitarbeiter wohl im Alltag? Wenn meine Mitarbeiter aus verschiedenen Handlungsoptionen auswählen müssen, wie kann ich ihnen konkret dabei helfen, einen Teil der möglichen Optionen auszuschließen? Wozu würde ich mir an der Stelle meiner Kollegen wohl Orientierung wünschen?

Ein Teil unserer intrinsify-Strategie besteht beispielsweise darin, uns nicht zielgerichtet über den deutschsprachigen Raum hinaus zu vergrößern. Wir sind gerne mal zu Gast in anderen Ländern, doch wir unternehmen keine Aktivitäten, die zu Geschäft im nicht-deutschen Raum führen. Damit kann man etwas anfangen. Das schließt viele Optionen aus. Und natürlich entfaltet es auch fokussierende Kräfte.

Ein guter Freund von mir hat für sein Unternehmen die Strategie formuliert, sich auf das Online-Marketing zu fokussieren. Sein Unternehmen wurde ständig auf Konferenzen und Messen eingeladen. Meistens wurde ihm dabei auch ein Honorar und die Übernahme der Reisekosten in Aussicht gestellt. Er hätte auf diese Weise definitiv einen markenbildenden Effekt haben können.

Er entschied sich jedoch für eine Fokussierung im Online-Marketing. Das hat fokussierende Kräfte ausgelöst. Das Online-Marketing hat er sehr gewissenhaft, zielgerichtet und intensiv betrieben. Die gesamte Aufmerksamkeit, überhaupt der ganze Vertriebstrichter war voll und ganz auf das Online-Marketing ausgerichtet.

Er war damit erfolgreich.

5. Eine gute Strategie gibt es nicht.

War mein Freund nun wegen der Strategie erfolgreich? Das wird man nie herausfinden. Er hat die Strategie gewählt und war erfolgreich. Das ist nur eine Korrelation. Eine Kausalität zu unterstellen, wäre in den meisten Fällen eine Trivialisierung. Ja, manchmal weiß man es später besser, weil die Informationen dann vollständiger sind.

Doch die Komplexität heutiger Märkte bedingt ja immer auch eine Kontingenz. Kontingenz bedeutet, es könnte immer auch anders kommen. Erfolg ist nicht beherrschbar, auch dann nicht, wenn man mehr Wissen über den Markt hat. Denn manches bleibt immer ungewiss. Das liegt in der Natur von Märkten.

Deshalb gibt es im inhaltlichen Sinne keine gute Strategie. Im methodischen bzw. sprachlichen Sinne gibt es sie, davon handelt dieser Beitrag. Doch ob eine Strategie inhaltlich gut ist, wirst du nie herausfinden können.

Deshalb ist und bleibt Strategie immer eine unternehmerische Wette. Sie ist immer streitbar. Sie ist immer eine Entscheidung für die eine Sache und gegen eine andere ebenso denkbare Strategie.

Strategische Wirkung

Eine wichtige Voraussetzung für die Vermeidung von Demotivation bei der Arbeit ist das Gefühl von Wirksamkeit. Eine fehlende gute Strategie kann erheblich zur Demotivation der Mitarbeiter beitragen.

Das liegt daran, dass Mitarbeiter zunächst auch in Abwesenheit einer Strategie Entscheidungen treffen – müssen sie ja, sonst geht es nicht voran. Doch oft werden sie für diese Entscheidungen kritisiert. Man hätte es doch anders machen sollen. In diesem Moment drängt sich die Strategiefrage auf. Der Mitarbeiter versucht, in die Kritik seines Vorgesetzten oder eines entsprechenden Gremiums die gewählte Strategie hineinzulesen.

Wenn es eine solche aber noch gar nicht gibt, dann wird der Mitarbeiter womöglich auch bei der nächsten Entscheidung kritisiert, obwohl er meint, der herausgelesenen, also der implizit vermuteten Strategie gerecht geworden zu sein. Wiederholt sich dieser Eiertanz oft, vergeht die Lust und Entschlossenheit, selbst Entscheidungen zu treffen. Nach und nach weicht die eigene Verantwortungsübernahme einem enthaftungsorientierten Verhalten. Das Gefühl von Wirksamkeit geht verloren und damit auch die Identifikation mit der Arbeit.

Eine gute Strategie ist natürlich nicht die Lösung aller Probleme. Und doch kann eine gute Strategie, im Sinne der oben genannten Faktoren, einen sehr positiven Beitrag für die Leistungsfähigkeit der Organisation und damit der Motivation der Mitarbeiter leisten.

Hmmm ...

Seit der ersten Veröffentlichung dieses Beitrages als Blogartikel habe ich gelernt, dass ein beiläufig erwähnter Satz deutlich mehr Beachtung verdient. Ich selbst war mir über einen Aspekt dieses Satzes lange nicht bewusst: „Deshalb ist und bleibt Strategie immer eine unternehmerische Wette."

Strategie wird meistens als nötige Initiative verstanden. Also als ein zu organisierender Prozess unter Einbindung der Mitarbeiter. Das kann zwar Teil von Strategiearbeit sein, macht sie aber nicht im Kern aus.

Im Kern ist Strategiearbeit unternehmerisches Handeln. In den vielen erfolgreichen Unternehmen, die ich begleiten und „stu-

dieren" durfte, findet ständig Strategiearbeit statt, ohne dass irgendwer einen Strategieprozess ausgerufen hätte. Bei diesen Unternehmen ist der Unternehmer in Kontakt mit seinem Unternehmen. Die verschiedenen Zutaten, die nötig sind, damit eine Strategie Erfolg haben kann (Geschäftsmodell, Marke, Talente, Organisationsstrukturen, Kapital, Kultur) begegnen sich beim Unternehmer als stimmiger Gesamteindruck. Der Unternehmer ist also der Knoten, an dem sich die Erkenntnisse im Unternehmen so begegnen, dass erfolgsversprechende unternehmerische Wetten eingegangen werden können.

Deshalb suche ich im Kontakt mit Unternehmen zunächst immer nach dem Unternehmer. Unternehmer ist dabei natürlich ein Platzhalterbegriff. Unternehmer kann die Geschäftsführerin sein oder ein Duo (wie bei meinem Mitgründer Lars und mir) oder die Inhaberin oder ein sehr angesehener Bereichsleiter mit weitreichendem Einfluss.

Hat ein Unternehmen bzw. ein Geschäftsbereich keinen Unternehmer, hat es häufig ein Problem. Deshalb möchte ich den fünften Faktor umbenennen in: Strategiearbeit ist unternehmerisches Handeln.

21 Unwahrscheinlichkeits-wahrscheinlichkeit

Paddelbruch

Ich surfe seit vier Jahren regelmäßig. Ob ich mich deshalb schon als Surfer bezeichnen kann, wage ich noch zu bezweifeln. Es ist ein Sport, der sehr viel Übung erfordert. Als ich in die lokale WhatsApp-Surfergruppe eingeladen wurde, die nur 19 Mitglieder hat, fühlte sich das an wie ein Ritterschlag.

Ich erinnere mich an einen Tag mit vergleichsweise „gutem Swell", wie man unter Surfern sagt. Ein Tag, bevor ich Mitglied dieser Gruppe war. Alle, die es sich zeitlich erlauben konnten, waren auf dem Wasser. Einmal morgens um 5 Uhr und dann noch mal gegen 10 Uhr – die Gezeiten geben die besten Zeiträume vor.

In der zweiten Session war ich mit meinem Stand-Up-Paddle-Board draußen. Die gibt es auch als sportliche Wellenreiter-Variante, nicht nur so, wie du sie womöglich von den entspannten Flusspaddlern kennst.

Man hat also ein Paddel in der Hand und versucht damit, sich aufbäumende Wellen anzupaddeln. Mitten im Anpaddeln einer relativ großen Welle brach mir beim letzten kräftigen Zug das Paddel an einer schon leicht abgenutzten Nahtstelle. Krrratz … die messerscharfen Carbonfasern schossen nur Zentimeter an meinem Bein vorbei, bevor ich dann relativ unkontrolliert vom Board fiel und einen kräftigen Wellenwaschgang genießen durfte. Eigentlich wäre das natürlich das Ende der Session gewesen. Doch dann sagte Tom auf meinem Weg zurück zum Strand: „Hey mate (in England ist jeder dein „mate"), grab my longboard. I'm sticking to my shorty for now." Mit anderen Worten: Ich durfte ein Board einer der lokalen Surferlegenden ausleihen. Übrigens der, der mich nachher in die WhatsApp-Gruppe aufnahm.

Eigentlich hatte ich es immer ausgeschlossen, hier ein Longboard zu surfen. Für die „kleinen" Tage erschien mir mein Paddel-Board das beste, für die „größeren" mein sogenannter „Fish". Aber Tom machte ein unwahrscheinliches Ereignis möglich: Ich surfte ein Longboard. Und siehe da, es war ein sehr lehrreiches Erlebnis. Tom schaffte den unerwarteten Rahmen für etwas, das sich sonst wohl nicht ereignet hätte.

Postpubertäre Irritation

Wann immer mir Unternehmen begegnen, die gekonnt mit der hohen Marktdynamik umgehen und die man im besten Sinne als agil bezeichnen kann, beobachte ich die Anwendung von sieben Prinzipien.

Diese sieben Prinzipien haben wir schon vor vielen Jahren als Future-Leadership-Prinzipien aufbereitet und sie bilden seither eine der zentralen Fundamente unserer Ausbildung und Beratungsarbeit:

1. Löst Probleme des Marktes.
2. Baut Mannschaften.
3. Nomadisiert Führung.

4. Leistet als Team.
5. Institutionalisiert Verantwortungsübernahme.
6. Teilt euer Wissen.
7. Bereitet euch vor.

Dass Unternehmen auch nach ihrer Pubertät – bei Organisationen hängt diese nicht vom Alter, sondern von der Größe ab und liegt je nach Marktdynamik bei 30 bis 150 Mitarbeitern – nach diesen Prinzipien arbeiten, ist keine Selbstverständlichkeit. Es ist eher die Ausnahme. Die meisten Unternehmen treten nach der Pubertät in eine sogenannte Differenzierungsphase ein und nehmen allmählich die tayloristische Gestalt an, die wir von den „Großen" gewohnt sind.

Damit dieses wahrscheinliche und von einer schleichenden Abnahme der Agilität begleitete Schicksal nicht eintritt, braucht es formale Macht.

Formale Macht kann Höchstleistung beschützen. Und das tut sie, indem sie unwahrscheinliche Kommunikation wahrscheinlicher macht.

Unwahrscheinliches wahrscheinlicher machen

Führung ist Irritation – das hat Reinhard Sprenger einmal sinngemäß gesagt. Hinter dieser unscheinbar wirkenden Aussage steckt eine fundamentale Erkenntnis.

Organisationen entwickeln sich evolutionär. Die Quelle dieser Entwicklung ist die Irritation. Formal Mächtige können Organisationen auf eine Weise irritieren wie es andere nicht können.

Und genau das ist ihre Verantwortung: Unwahrscheinliches wahrscheinlicher machen.

Nicht umsonst hörst du sicherlich regelmäßig, dass Führungskräfte am und nicht im System arbeiten sollten. Im operativen Wertschöpfungsalltag haben sie nichts zu suchen. Die Mitarbeiter haben längst einen unaufholbaren Wissens- und Gefühlsvorsprung, wenn es um die Lösung komplexer operativer Alltagsprobleme geht.

Formale Macht hat die Funktion, die Bedingungen für die Möglichkeit einer unwahrscheinlichen Kommunikation zu schaffen, die besser mit Dynamik umgehen kann als die bürokratische Verwaltungsorganisation. Diese Aufgabe nennen wir Organisationsdesign.

Was heißt das konkret?

Als Manager ist dein Job die konstruktive Destabilisierung. Hier ein paar Beispiele:

· Innovationsprojekte beauftragen: Du kannst den sicheren Rahmen für Innovationsprojekte schaffen, die konstruktiv an den Markt und die Linie gekoppelt sind.

· Tabuisierte Kommunikation legitimieren: Du kannst einen Rahmen schaffen, in dem berechtigte Zweifel an einem Vorhaben frei geäußert werden, die sonst kein Ventil finden würden (Tipp: Pre-Mortem googlen). Wer spricht schon freiwillig und öffentlich darüber, was schief gehen könnte. Das ist unwahrscheinlich. Du kannst es wahrscheinlicher machen.

· Organisationsstrukturen ändern: Ich meine nicht „Kästchen schieben". Ich meine modernes Organisationsdesign. Nur mit formaler Macht lassen sich Mannschaften legitimieren, die der Linie den komplexen Teil der Arbeit abnehmen und auf diese Weise Unwahrscheinliches wahrscheinlicher machen.

· Teams auflösen: Eine Filiale beispielsweise wird sich nicht selbst schließen. Dafür braucht es deine formale Macht, auch im 21. Jahrhundert. Auch in Zeiten von New Work.

· Management-Instrumente abschaffen: Nahezu jedes klassische Management-Instrument ist eine Form von Steuerung. Steuerung ist auf Macht angewiesen. Deshalb ist auch die Abschaffung von Steuerung auf Macht angewiesen. Also auch hier: deine Aufgabe.

· Daten teilen: Wer informierte Entscheidungen treffen soll, muss informiert sein. Dass Mitarbeiter Zugriff auf relevante Daten haben, können Manager verhindern. Sie können es also auch ermöglichen.

· Personal wechseln: Du kannst Mitarbeiter „versetzen". Das ist nicht neu, aber auch heute noch legitim. Meist ändert es nur nichts, weil das Problem im Kontext steckt.

Tom, die Surflegende, ist natürlich weder mein Chef, noch ist Arbeit ein Sport. Aber in der Analogie hat er an diesem besagten Tag die Bedingungen der Möglichkeit geschaffen, dass ich konstruktiv irritiert werden konnte. Und die Welle, die mein Paddel brach, war der Markt, der mich überrascht hat.

22 New Pay und aus?

Gehaltssysteme auf dem Prüfstand

Wenn ich erzähle, dass die Gehälter in meinem Unternehmen von meinem Mitgründer und mir zusammen mit dem entsprechenden Mitarbeiter vereinbart werden, gucken mich die Evangelisten der New Work Bewegung manchmal etwas spärlich an: „Aber gerade ihr müsstet doch mit gutem Beispiel voran gehen! Wieso habt ihr kein Merit Money, keine freie Gehaltswahl, keine gleichen Gehälter für alle, keine dedizierten Gehälterteams oder ähnliches?"

Mit anderen Worten: Wer bei seinem Entlohnungsmodell nicht auf etwas modern Klingendes setzt, verspielt seinen Platz auf dem New-Work-Podium.

Bislang hätte mich das wenig gekratzt, denn dieses kommunikative Podium krönt nicht Wirkung, sondern Modelltreue. Nun werde ich zuletzt aber häufiger mit der Frage konfrontiert, ob man Entlohnungsmodellen besonders viel Aufmerksamkeit schenken sollte. Dahinter erkenne ich auch eine Unsicherheit, ob der neuerlichen Entlohnungsmodell-Euphorie.

Dieser Beitrag soll dir als Orientierungshilfe dienen.

Echter Hebel oder New-Work-Kosmetik?

Wie wichtig ist das Entlohnungsmodell? Bei dieser Frage kann, wie so oft, ein Blick auf die Wertschöpfung helfen. Nur die

Wertschöpfung sichert das Überleben des Unternehmens. Nur wenn man Kundenbedürfnisse befriedigt, also für andere nützlich ist und dabei mindestens so viel Geld einnimmt, wie man ausgibt, geht es weiter.

Alles, was diese Wertschöpfung fördert, zahlt also auf den Unternehmenserfolg ein. Alles, was die Wertschöpfung erschwert, zahlt auf den Misserfolg ein. Wenn das Entlohnungsmodell die Wertschöpfung stört, besteht Handlungsbedarf. Sonst nicht.

Sollte man dennoch Veränderungen vornehmen wollen, z.B. weil Mitarbeiter unzufrieden mit ihrem Gehalt sind, ist man gut beraten, versteckte Kosten und unerwünschte Nebenwirkungen zu prüfen. Denn wenn die Änderung der Wertschöpfung nicht nützt, sollte sie ihr zumindest nicht schaden.

Hier steckt die Gefahr der Gehaltsmodell-Euphorie: Nicht selten bietet das Entlohnungsmodell einen neuen Strohhalm, an dem man sich festhalten kann, wenn man in einem Anflug von Pflichtanmaßung das eigene oder – deutlich schlimmer – fremde Unternehmen „retten" will. Nach dem Motto: „Ich verstehe zwar das Problem noch nicht, aber vielleicht hilft ja ein neues Entlohnungsmodell."

Diese Art der New-Work-Kosmetik bedroht nicht nur den Erfolg von Unternehmen, sondern führt langfristig auch zu einer weiteren Erosion der Mitarbeiterzufriedenheit. Niemand arbeitet gerne in einem erfolglosen und schlecht geführten Laden, egal wie modern das Entlohnungsmodell aussieht.

Nadine Nobile, eine befreundete Beraterin, die den Begriff #NewPay mit geprägt hat, hat einen tollen Begriff für einen weiteren Aspekt gefunden, der gegen überhastete Entlohnungsmodell-Erneuerungen spricht. Sie nennt es „eingebautes Schmerzensgeld".

Denn wenn ein Unternehmen ein neues Entlohnungsmodell einführt, ohne die wahren Wertschöpfungshindernisse zu adressieren, läuft es Gefahr, die Unzufriedenheit mit dem gegenwärtigen Führungssystem in das Entlohnungsmodell einzupreisen. Mit anderen Worten: Das schicke neue Entlohnungsmodell wird zum vorübergehenden Fluchtverhinderungssystem, weil es in der Neueinführung zu einer Erhöhung der Gehälter kommt. So gewinnt das Unternehmen Zeit und kann die „echten" Problem noch ein bisschen liegen lassen.

Sind Entlohnungsmodelle also kein Hebel für wirksame Veränderung? Oh doch, denn sie richten sehr häufig erhebliche Schäden an.

Im Schaden unterbewertet, im Nutzen überbewertet

Die in größeren Unternehmen weit verbreiteten, leistungsabhängigen Vergütungssysteme sind deshalb schädlich, weil sie die Aufmerksamkeit der Mitarbeiter vom Markt auf die Zielparameter des Gehaltsmodells lenken. Es kommt also zu einer Innenreferenzierung der Kommunikation. Oder anders: Nicht immer diene ich dem Unternehmen, wenn ich meinen Bonus maximiere. Und nicht immer maximiere ich meinen Bonus, wenn ich dem Unternehmen diene. Besser ist: Weg mit dem Bonus, dann gilt meine ganze Aufmerksamkeit dem Kundennutzen.

Die vermeintlich modernen Entlohnungsmodelle laufen häufig

ebenfalls auf diese Nabelschau hinaus. Geld wird zum Dauerthema, weil Widersprüche aufgelöst werden wollen, die nicht auflösbar sind. Beim Thema Geld begegnen sich nun mal unweigerlich gegenläufige Interessen. Alles ist ein Kompromiss, denn natürlich würde ein Arbeitnehmer tendenziell höhere und ein Arbeitgeber tendenziell geringere Gehälter anstreben. Dazu kommen Vergleiche unter Kollegen.

In beiden Fällen, „betriebswirtschaftlich-tayloristisch" wie „modern", bindet das Entlohnungsmodell kommunikative Ressourcen. Da diese endlich sind, leidet die eigentliche Arbeit.

Während diese Schäden schlechter Entlohnungsmodelle typischerweise dramatisch unterbewertet werden, wird das nützliche Potential moderner Entlohnungsmodelle hoffnungslos überbewertet. In letzter Zeit bekommen sie fast schon den Charakter eines Erlösungsversprechens. Dabei reicht ein Blick in die Motivationswissenschaften der 50er Jahre, um zu erkennen, dass Geld ein Hygienefaktor ist. Das Thema Geld hat also das Potenzial zu demotivieren, nicht aber, um zu motivieren.

Deswegen lautet meine Arbeitshypothese beim Thema Entlohnungsmodelle: „Prüfe auf Schaden und lasse sonst die Finger davon!" Das Thema Geld muss vom Tisch, damit man seine Aufmerksamkeit der Arbeit widmen kann. Unternehmen, die versuchen Fairness, Gerechtigkeit, Zufriedenheit, Transparenz oder ähnlichen Kriterien nachzueifern, verfehlen den entscheidenden Punkt: Geld ist immer ein Spannungsfeld.

Zum Fass ohne Boden, zur sprichwörtlichen Sisyphos-Arbeit, wird dieses Spannungsfeld, wenn ein Unternehmen den Dialog über das Thema Geld selbst in das Entlohnungsmodell einbaut. Wenn also regelmäßige Gespräche, Reflexionsrunden und

Ähnliches ein elementarer Bestandteil des Systems sein sollen. Dann gewährt das Unternehmen dem Geld-Thema nämlich einen so prominenten Raum, dass es nie vom Tisch kommt – es wird omnipräsent.

Egal ob „Merit Money", freie Gehaltswahl mit Konsultation, repräsentativ besetzte Mitarbeitergremien etc. – was diese verführerisch klingenden „neuen" Modelle alle eint: Sie lechzen nach kommunikativer Aufmerksamkeit. Sie sind Dauerware für den kulturellen Verdauungsprozess. Kurzum: Sie tragen zur Beschäftigung bei, jedoch selten zur Arbeit.

Wo darf ich mich beschweren?

Was viele der neu-modischen Entlohnungsmodelle zu regelrechten Frustbeförderungsinstrumenten macht, ist ihre Eigenschaft als Verantwortungsverschleierer.

Traditionell ist es einfach. Mir passt mein Gehalt nicht, dann gehe ich zum Chef. „Chef, ich will mehr!". Dann sagt Chef: „Wieso und wie viel?" Wenn ich gute Gründe finde (meistens im Markt, siehe unten), dann bewege ich mich auf mein Zielgehalt hin.

Wenn ich unzufrieden bin, weiß ich, wo ich hin muss. Und wenn mein Chef uneinsichtig bleibt, dann hat mein Frust ein emotionales Ventil. Das ist eindeutig. Das ist klar. Und das ist wichtig. Denn nun weiß ich, mit wem ich verhandeln kann. Ich habe eine eindeutige Adresse, meinen Chef.

Sowohl mit den „modernen" als auch den hochgezüchteten tayloristischen Entlohnungsmodellen (also die ausgefeilten Performance Management Systeme) diffundiert diese Eindeutigkeit. Je unpersönlicher der Ansatz, desto verschleierter ist die Verantwortung. Anstatt direkt mit meinem Chef über mein Gehalt sprechen zu können, müsste ich eigentlich mit ihm bzw. mit der Geschäftsführung über das ganze Modell sprechen, denn schließlich hat er bzw. sie es ja legitimiert.

Doch das wirkt natürlich viel rebellischer und ist zugleich aufwendiger. Bei einem klassischem „ich verhandle mit meinem Chef"-Modell ist es viel wahrscheinlicher, dass ich sage „Mein Gehalt ist mir zu niedrig, lass uns mal reden". Wenn mein Gehalt jedoch nicht zwischen meinem Chef und mir verhandelt ist, sondern sich als Ergebnis eines ausgeklügelten Systems ergibt, müsste ich ja eigentlich das ganze System in Frage stellen. Das ist im Durchschnitt unwahrscheinlicher.

Heißt im Umkehrschluss: Mein Arbeitgeber hat es mir erschwert, selbst Verantwortung für meinen Marktwert zu übernehmen. Er hat mich teil-entmündigt.

Verhandlungssache

Es gibt mindestens zwei Interessen, die sich bei einer Gehaltsfindung begegnen. Die Interessen des Mitarbeiters und die Interessen des Unternehmens.

Ich behaupte nicht, dass Unternehmer schlecht bezahlen wollen. Natürlich hat ein weitsichtiger Unternehmer immer auch ein Interesse daran, seine Mitarbeiter so zu bezahlen, dass Geld in Vergessenheit geraten und die Arbeit im Mittelpunkt stehen kann. Doch die Interessen der beiden Parteien sind beim Thema Gehalt tendenziell gegenläufig.

Die daraus resultierende Notwendigkeit zum Kompromiss gelingt gerade dann besonders gut, wenn die beiden Interessen eindeutig personifiziert werden. Nur dann kann Verantwortung für diese beiden Interessen im konkreten Einzelfall übernommen werden. Nur dann kann es eine echte Verhandlung geben. Diffundiert die Verantwortung der Unternehmerseite zum Beispiel ...

· in einem komplizierten System von Leistungskriterien,

· in einem Versuch, den Mitarbeitern als Ausdruck von Vertrauen, die Verantwortung zur freien Gehaltswahl zu übertragen, oder

· weil das Kollektiv den Wert eines Mitarbeiters mit Sternchen bewertet und damit eine Bonusallokation begründet (Merit Money),

dann hat man es sich als Chef sehr bequem eingerichtet. Denn nun ist die Verantwortung so sehr verschleiert, dass es gar keinen erkennbaren Verhandlungspartner mehr gibt.

Das ist für mich nicht New Work, das ist eine reingewaschene Form entmündigender Unanständigkeit.

Natürlich sind solche Modelle ein Boomerang. Entweder die Mitarbeiter kündigen (mindestens) innerlich, weil sie sich nicht mehr für ihren fairen Marktwert einsetzen können. Oder das Entlohnungsmodell muss die fehlende Personifizierung des Unternehmensinteresses in Form durchschnittlich höherer Gehälter absorbieren, was wiederum die Wirtschaftlichkeit belastet.

Ein perfektes Modell gibt es natürlich nicht. Für mich existiert jedoch nur ein sinnvolles Kriterium für eine angemessene Gehaltsfindung: der Markt.

Wie also Gehälter bestimmen?

So wichtig Arbeit uns im Leben auch ist, Arbeit ist immer auch eine Leistungsbeziehung. Wir stellen unsere Leistung einem Unternehmen zur Verfügung und beziehen dafür eine Gegenleistung, die nicht nur, aber eben auch und ganz wesentlich aus dem Gehalt besteht. Wenn dieses Fundament nicht solide steht, leidet der Überbau immer.

Mitarbeiter bringen bei dieser Leistungsbeziehung Kompetenzen ein. Dazu gehören ihre objektiven Qualifikationen sowie ihr verstecktes und nur durch Gefühl ertastbares Können. Auch das Verhandlungsgeschick ist eine Qualifikation.

Diese Kompetenzen haben sich Menschen mühsam erworben, entweder durch vergangene Anstellungen, durch ein zeitintensives Studium, eine anstrengende Ausbildung o.ä.

Nichts ist fairer als dieser Anstrengung Rechnung zu tragen, indem man sich gemeinsam an einen Tisch setzt und in einer Verhandlung erfühlt, wo der Wert dieser Anstrengung liegen könnte. Und dieser Wert ist ganz wesentlich im Arbeitsmarkt referenziert.

Wenn man so denkt, ist das Thema Geld schnell vom Tisch und absorbiert keine unnötigen kommunikativen Ressourcen im Arbeitsalltag. Außerdem hat der Arbeitnehmer stets eine Adresse, wenn sich seine Qualifikation, die Marktsituation, seine Rolle im Unternehmen o.ä. ändert. Und damit behält er seine

Würde, ein mündiger Verhandlungspartner auf Augenhöhe zu sein.

In Summe kann ich deshalb der traditionellen Chef-Entscheidung gegenüber den vielen anderen Möglichkeiten viel abgewinnen. Es ist wohl das geringste Übel. Einen besten Weg, den gibt es auch hier nicht.

Hmmm ...

Mir begegnet regelmäßig das Missverständnis, Chef-Entscheid würde Geschäftsführer-Entscheid bedeuten. So meine ich es nicht.

Die ultimative formale Macht hat immer die Kapitalgeberin. Da sie aber zu weit weg vom operativen Alltag ist, ist es sinnvoll, dass sie Macht delegiert. Manager, egal welcher Hierarchiestufe, bekommen einen Teil dieser formalen Macht verliehen. Wenn Gehaltsverhandlungen auch zu diesem Machtumfang gehören, dann vertreten sie im Moment dieser Verhandlungen die Kapitalgeberinteressen. Und da auch diese Manager um die Unvollständigkeit ihrer Informationen wissen, werden sie mit Kollegen, Mitarbeitern und ihren Chefs im Austausch bleiben, damit sie eine Entscheidung treffen, die dem Unternehmen dient.

Diese Form der klassischen Chef-Entscheidung mag unmodern wirken, doch Modernität ist ja kein Selbstzweck.

23 Arbeitsort-Regelwerk

Wer sollte entscheiden, wann und wo gearbeitet wird?

Wann und wo sollten eure Mitarbeiter arbeiten? Solltet ihr das zentral festlegen, Quoten einführen, dem Abteilungsleiter überlassen, gar die Mitarbeiter entscheiden lassen? Zu diesen Fragen lohnen sich – wie so oft – grundsätzliche Gedanken.

Bilanzbetrug

Als ich mich 2010 selbstständig gemacht habe, war die Freude ob der neu gewonnenen Freiheiten groß. Morgens ausschlafen, mittags mal eben schwimmen gehen, nachmittags mit Freunden einen Kaffee trinken usw.

Pustekuchen! Es hat mich ungefähr sechs Jahre gekostet, bis ich in der Lage war, innerhalb der „regulären" Arbeitszeiten nicht zu arbeiten, ohne dass mich mein schlechtes Gewissen dabei unmittelbar auffraß. Mein Glaubenssatz war stets: „Zwischen 9 und 18 Uhr wird gearbeitet."

Wenn ich es dann doch mal hinbekam, während des Tages den Stift fallen zu lassen, dann nur mittels kreativer Selbstverarschung. „Wenn du jetzt eine Stunde Sport machst, dann kannst du dich anschließend besser konzentrieren und danach produktiver arbeiten." Die Logik stimmt vermutlich sogar, doch das war nachrangig. Es ging vor allem darum, meinen inneren Seelenfrieden zu sichern. Spätestens mit ein bisschen Wochenendarbeit war der Ablasshandel komplett und die Bilanz ausgeglichen.

Ich versuchte auch, mich von dem Gefühl der sozialen Fremdbestimmung zu entlasten, indem ich sie durch eine örtliche Fremdbestimmung ersetzte. So bezogen wir eine Zeitlang ein Büro in Berlin. Meine Regel: Im Office wird gearbeitet, zu Hause nicht! Das funktionierte vorübergehend ganz gut, doch dann fehlte mir wieder die Flexibilität. „Wozu bin ich denn selbstständig, wenn ich nicht selbstbestimmt sein kann?"

2015 gab ich das Büroleben wieder auf und ging zurück ins Home Office. Seitdem habe ich diesen Wechsel drei (!) weitere Male hinter mir. Immer wieder experimentierte ich mit Co-Working-Spaces und reiner Heimarbeit. Aktuell arbeite ich wieder überwiegend von zu Hause aus.

Ich habe die Suche nach der richtigen Lösung aufgegeben und akzeptiert, dass das Leben aus der Balance von Widersprüchen besteht. Lebensphasen sind eine Möglichkeit, diese Widersprüche zu absorbieren.

Diese Widersprüche haben wir alle. Zwischen dem Wunsch nach Wirksamkeit und der Sehnsucht nach Zäsur. Zwischen Leistungslust und Erholungsdrang. Zwischen Aufbruch und Konsolidierung.

Mal schwingt das Pendel in die eine, dann wieder in die andere Richtung. Mal ist der soziale Druck die dominantere Referenz, dann der eigene Leistungsanspruch und dann wieder die Verantwortung für die eigene Gesundheit.

Da es immer irgendeine Kraft gibt, die den inneren Bilanzbetrug ahndet, lösen Menschen diesen über kurz oder lang in der ein oder anderen Weise auf – zumindest tun das 99,99%.

Ich halte fest:

· Menschen sind unterschiedlich.

· Menschen verarbeiten die vielen auf sie wirkenden und zur Widersprüchlichkeit tendierenden Zugkräfte (mindestens) langfristig verantwortungsvoll.

Wann und wo sollten unsere Mitarbeiter arbeiten?

Zurück zur Ausgangsfrage, die sich viele Arbeitgeber stellen: „Wann und wo sollten unsere Mitarbeiter arbeiten?" Vielleicht ist diese Frage aber gar nicht die beste.

Eine bessere Frage könnte sein: „Welches Problem wollen wir lösen, wenn wir uns fragen, ob wir Arbeitszeit und -ort zentral regeln wollen?"

Und jetzt wird es dünn.

· Gerechtigkeit? Scheidet aus, denn Gerechtigkeit ist nicht dasselbe wie Gleichheit. Gerechtigkeit ist ein Gefühl, das durch Gleichschaltung nicht erreicht werden kann.

· (Unmiss-)Verständlichkeit? Eine eindeutige Regel lässt wenig Raum für Missverständnisse – einverstanden. Doch was bringt die Verständlichkeit, wenn sie auf Kosten der alltäglichen Sachzwangbefriedigung erworben wird. Wenn das Team sich treffen muss, damit aber seine Präsenzkontingente überschreitet – soll dann etwa die Arbeit leiden? Mit anderen Worten: Eine unmissverständliche Standardregelung befriedigt die vielfältigen Anforderungen selten.

· Mitarbeiterzufriedenheit? Wohl kaum. Es mag nicht jeder so wankelmütig sein wie ich, aber die vielen individuellen Präferenzen wird eine zentrale Regel wohl kaum zur Zufriedenheit aller abdecken.

· Konfliktvermeidung? Bitte nicht. Viele Konflikte sind das evolutionäre Triebrad der Organisation. Das Aufeinandertreffen unterschiedlicher Bedürfnisse, Anforderungen, Zwänge, Erwartungen etc. durch eine Regel zu unterdrücken, mag kurzfristige Harmonie fördern, führt aber zu aufgestauten Spannungen und hemmt Fortschritt.

Die Arbeitszeit und der Arbeitsort sind selten das Problem. Deshalb sind Vorgaben zur Arbeitszeit und zum Arbeitsort ebenso selten die Lösung.

Natürlich gibt es Anforderungen, die Einfluss auf die Arbeitszeit und den Arbeitsort nehmen. Manchmal diktiert die Arbeit selbige sogar, man denke nur an die meisten Produktionsvorgänge oder Serviceeinheiten. Doch anstatt über Ausnahmen für die Sonderregelungen der Regel zu befinden, bis von Verständlichkeit und Mitarbeiterzufriedenheit genauso wenig übrig bleibt wie vom gesunden Menschenverstand, der nötig ist, um über Arbeitszeit und -ort zu befinden, solltet ihr euch auf selbigen berufen und die Komplexität dieses Problems dadurch bewältigen, dass ihr ihm mit Komplexität begegnet.

Der Satz war jetzt eindeutig zu lang.

Noch mal anders: Wenn man Mitarbeiter einstellt, um teure Anlagen zu fertigen, Millionendeals zu schließen und knifflige Entwicklungstätigkeiten zu meistern, dann kann man sie auch mit den inneren Widersprüchen alleine lassen, die jeder Erwachsene zu ertragen hat: „Wie jongliere ich Leistungsanspruch, Freizeit, Verpflichtungen, Familie, kollegiale Erwartungen, Fahrzeiten und Internetverbindungen so, dass ich am Ende keinen Bilanzbetrug am eigenen Gewissen verübe?"

Lasst die Vernunft entscheiden

Mitarbeiter treffen vernünftige Entscheidungen. Tun sie das nicht, hat das zwei Gründe:

1. In 99,99% aller Fälle ist der Rahmen, in dem sie Entscheidungen treffen unvernünftig gewählt, sodass ihre Entscheidungen nur Spiegel dieses Rahmens sind. Das macht ihre Entscheidungen nachträglich wieder vernünftig.

2. In 0,01% aller Fälle liegt es daran, dass dem Mitarbeiter sein eigener innerer Bilanzbetrug nicht auffällt. Stabilisiert sich dieser Zustand, ist es ein Entlassungsgrund.

Kurzum: Die zentrale Regelung von Arbeitszeit und -ort löst keine Probleme, es verursacht sie. Und diese Aussage lässt sich mit der vernünftigsten aller Arbeitgebererwartungen vereinbaren, die mir einfällt: der Leistungserwartung.

24 Wer vor Wie

Vergiss die Leitfäden

Was macht eigentlich einen virtuellen Workshop, eine Video-konferenz, ein Remote-Coaching oder eine Online-Konferenz erfolgreich?

Auf diese Frage scheinen, seitdem es Corona gibt, viele eine Antwort zu haben. Anders kann ich mir die inflationäre Zunahme der Veröffentlichungen zu diesem Thema nicht erklären. Ich nehme an, dir geht es auch so. Man wird ja regelrecht überfahren von Checklisten, Frameworks, Leitfäden & Co.

Was geht dir dabei durch den Kopf? Vielleicht: „Je mehr solcher Angebote ich bekomme, desto mehr nerven sie mich und ver-lieren an Wert." Oder: „Bitte hilf mir nicht, es ist auch so schon schlimm genug!" Oder gar: „Vielleicht ist da was dran, ich schau es mir mal an."

Für das nächste Mal, wenn dir in deinem LinkedIn-Feed, auf Twitter oder per E-Mail eine verheißungsvolle Anleitung zur Virtualisierung der Arbeit begegnet, möchte ich dir eine kleine Denkstütze anbieten, mit der du den Prozess in aller Regel be-schleunigen kannst.

Worauf kommt es im (virtuellen) Workshop an?

Ein Workshop (ersetze Workshop nach Belieben durch Konfe-renz, Coaching, Meeting) ist ein hochkomplexes soziales Sys-tem. Deshalb verläuft kein Workshop wie der andere. Manche Workshops sind grausig, andere ein kurzweiliges Tageshighlight. Wie kommt das, wenn doch manche Workshops im selben Unternehmen, mit denselben Methoden und Inhalten, im selben Raum, zur selben Tageszeit, denselben Teilnehmern und derselben Länge abgehalten werden?

Genau das macht Komplexität eben aus. Es ist nicht vorhersehbar. Es ist kontingent – sagt die Theorie.

Aber was dir aufgefallen sein dürfte: Wann immer bestimmte Menschen einen Workshop moderieren, steigt die Chance dafür, dass es ein guter Workshop wird. Die kriegen das irgendwie hin. Das ist toll. Wenn man sie jedoch fragt: „Wie machst du das?", brauchst du nicht hinhören.

Denn eine Frage, die mit Wie beginnt, fragt nach Wissen. Wissen macht aber in einem komplexen System nicht den entscheidenden Unterschied. Den entscheidenden Unterschied macht das Talent, einen Workshop moderieren zu können.

Dieser Unterschied ist solchen Talenten aber selten bewusst. Deshalb wundern sie sich, wieso das anderen so schwerfällt und antworten auf die Wie-Frage nicht selten mit den Methoden, die sie nutzen. Dabei blenden sie vollkommen aus, dass nicht die Methoden sie, sondern sie die Methoden erfolgreich machen.

Mehr noch: Sie halten sich meist gar nicht an die Methode, sondern legen selbige so aus, dass sie von ihrem Talent Gebrauch machen können, anstatt Sklave der Methode zu werden. Es kommt in einem Workshop also nie primär auf die Methode, sondern immer primär auf den Moderator an.

Und nu?

Wenn du dich also fragst, wie ihr eure virtuellen Workshops wirksamer gestalten könnt, dann streiche das Wie und frage: „Wer? Wer sollte den Workshop moderieren?" Und diese Frage kann dir keine Checkliste der Welt beantworten, denn sie kennt dein Unternehmen ja nicht.

Hat sie trotzdem einen Wert – die Checkliste? Womöglich. Wenn du nämlich selbst ein Moderationstalent bist. Und – ganz wichtig – wenn du sie nicht zu ernst nimmst. Denn dann inspiriert sie dich vielleicht zu einer neuen Idee.

Aber um es zuzuspitzen: Müsste ich mich zwischen einem Artikel zur Moderation virtueller Workshops und einem zum Herdenverhalten von Oryxantilopen entscheiden, würde ich letzteren wählen. Das meine ich ernst. Das ist kein misslungener Versuch einer Schlusspointe.

Denn die Gefahr, meine Kreativität durch die auf Allgemeingültigkeitsanspruch generalisierten Empfehlungen anderer zu hemmen, schätze ich viel höher ein als die mögliche Inspiration.

Jeder gelesene Leitfaden erhöht die Wahrscheinlichkeit, dass ich mich von einem Faden leiten lasse. Ganz unbewusst werde ich so zum Mittelmaß hingezogen. Auch wenn ich es mir noch so fest vornehme, anders denken zu wollen.

Zur Ehrenrettung der Autoren solcher Leitfäden: Ruf sie an! Sie selbst mögen unfassbare Moderationstalente sein, die auf großartige Ideen kommen könnten, was ihr in eurem Unternehmen, bei euren Mitarbeitern und euren ganz konkreten und einzigartigen Herausforderungen tun könntet, um die virtuellen

Workshops aufzuwerten. Aber diese Ideen können sie erst äußern, wenn sie euch kennen. Komplexität ist immer nur konkret zu bewältigen, nie abstrakt.

Der 24½ Impuls: Neue Freiheit

Epilog

Ich kann mich kaum noch bewegen, eine seltsame Hitze schießt in meinen Kopf, meine Atmung wird flacher, immer flacher. Die primitivsten Instinkte übernehmen… erst Angst, dann regelrechte Panik, dann Paralyse. Kurz bevor ich das Bewusstsein verliere, erinnere ich mich: Abklopfen.

Ich schlage zweimal mit der Hand auf die Matte. Alles löst sich. Augenblicklich wähne ich mich wieder in Sicherheit. Mein Trainingspartner lächelt mich an: „Gut gemacht, aber du bist zu verbissen!"

Martialische Schneekugel

Ich bin seit einiger Zeit begeisterter Novize des Brasilianischen Jiu-Jitsu, kurz BJJ. BJJ ist eine Weiterentwicklung der japanischen Kampfkunst Jiu Jitsu. Wie viele Kampfsportarten wirkt auch BJJ rau, aggressiv, martialisch – daher auch der Name Martial Arts. Doch die Oberfläche täuscht. BJJ ist vor allem eine psychische Herausforderung.

In einem Dojo – so heißen die Orte, an denen dieser Sport betrieben wird – sieht man das Leben wie durch ein Prisma. Alles verdichtet sich und wird greifbarer. BJJ ist wie eine Miniaturversion des Lebens, in der man sich selbst wie in einer Schneekugel beobachten kann. Es gibt ausgesprochene Gesetze und ungeschriebene Konventionen. Es gibt soziale Dynamiken, formelle und informelle Hierarchien. Vor allem aber ist BJJ ein Spiegel der Persönlichkeit. Im Dojo kann ich mir selbst nicht entkommen. Alle meine Persönlichkeitsmuster wiederholen sich „auf der Matte". Auch die, die die Art prägen, wie ich Neues lerne.

Cesar, mein BJJ Meister, erklärte mir irgendwann: „Wenn wir nicht alle so sozialisiert wären, dass wir mit Martial Arts einen Kampf verbinden statt einen Tanz, würden die Anfänger deutlich besser vorbereitet sein, wenn sie zum ersten Mal durch diese Tür treten." Das trifft den Nagel auf den Kopf. Wenn du beim BJJ Fortschritte machen willst, darfst du nicht nur kämpfen wollen. In einem Kampf kannst du nichts lernen. Denn wenn du kämpfst, reagierst du. Dann ist dein Autopilot an. Du greifst also nur auf programmierte Muster zurück.

Und das tun wir in allen Lebenslagen. Unsere inneren Programme sind die Algorithmen unseres Autopiloten. Viele erwerben wir in jungen Jahren, andere erst später. Manche werden als Konventionen sozial angeliefert, andere haben wir uns einfach eingehandelt. Doch eines haben alle Programme gemeinsam: Sie sind energiesparende Abkürzungen, in denen wir es uns bequem machen können.

Deshalb sind sie auch nicht grundsätzlich schlecht. Ohne sie wären wir paralysiert – erschlagen von der unendlichen Vielfalt möglicher nächster Handlungen. Innere Programme sind wie Navigationssysteme im Straßenverkehr. Doch wie die Nutzung deiner Navi-App dich im Auto daran hindert, neue Wege kennenzulernen, halten dich deine Programme in den engen Bahnen des Bekannten.

Deshalb sind auch Zahlen, Daten und Fakten immer schnell gelernt. Alles, was deine bisherigen Überzeugungen bestätigt, kannst du dir mit wenig Mühe zu eigen machen. Doch wenn es an die Substanz geht, wenn du grundlegende Dinge lernen willst, dann geht das immer nur in Verbindung mit der Entwicklung deiner Persönlichkeit.

Je tiefer die Lernerfahrung reicht, desto stärker musst du bereit sein, dich selbst in Frage zu stellen. Mit anderen Worten: Die Grenze deines Fortschritts ist deine Bereitschaft zur Selbstehrlichkeit. Und meine natürlich auch.

Mir sind viele Erkenntnisse rund um moderne Unternehmensführung lange verwehrt geblieben, weil ich erst eingestehen musste, dass ich mich bisher geirrt hatte. Ich musste also ehrlich mit mir selbst sein, meine selbst geschaffene Fassade abstreifen.

Selbstehrlichkeit ist aber keine einfache Angelegenheit.

Der Unterbrechungs-Effekt

Beim BJJ schaffen es deshalb viele nicht über den blauen Gurt hinaus – dem zweiten nach dem weißen Gurt der Novizen. Und ich bin sehr gespannt, ob es mir gelingen wird. Denn um die dazu nötigen Fortschritte zu machen, muss ich einen sehr unangenehmen Tausch akzeptieren: Ich muss viele Niederlagen ertragen. Ich muss mich verletzlich machen. Eine Bereitschaft, die allen konventionellen Annahmen über den Kampfsport widerspricht.

Um zu lernen, muss ich zurücktreten und mich selbst dabei beobachten, wie ich im Begriff bin zu reagieren. Dann muss ich das Programm unterbrechen und bewusst eine neue Bewegung einflechten. Jetzt erst kann ich lernen.

Die ersten 23 Muster-Unterbrechungen führen auf direktem Wege zum „Sieg" meines Gegners. Denn der Musterbruch macht mich verletzlich, was meine Trainingspartner natürlich sofort ausnutzen. Deshalb macht Musterbruch Angst. Muster-bruch heißt Kontrollverlust, heißt Unsicherheit.

Ich nenne das den Unterbrechungs-Effekt. Im Moment der Un-terbrechung sind wir so verletzlich, dass wir sie lieber erst gar nicht wagen. Doch nur wenn wir unsere inneren Programme unterbrechen und damit womöglich auch Konventionen verlet-zen, können wir lernen.

Die drei Phasen des intelligenten Konventionsbruchs

Ich werbe nicht für den Aufstand oder das Rebellische. Das wäre genauso billig, wie die „Einfach machen!"-Empfehlun-gen, die mir regelmäßig in den sozialen Medien begegnen. „Sei spontan, jetzt!" Der Konventions- und Musterbruch ist ein in-tellektueller Akt, kein impulsiv-aktionistischer. Er setzt Beob-achtung und Kalkül voraus. Er hat etwas Detektivisches und Experimentelles.

Wenn du intelligent Konventionen brechen willst, um Fort-schritte zu erzielen, kommst du an den folgenden drei Phasen nicht vorbei:

· Anders sehen – Die Phase der Desillusionierung: Was täuscht dich? Wie kannst du dich ent-täuschen? Was ist die Illusion, der du aufsitzt? Welches Programm steuert dich? Hier dreht sich alles um die Beobachtung.

· Anders denken – Die Phase der Aufklärung: Das Recht auf Freiheit ist die Pflicht zum Selbstdenken. Welche Annahme unterstellst du? Auf welcher Grundlage willst du deine Handlungen anpassen? Mit welcher Absicht? Hier dreht sich alles um das Denken.

· Anders handeln – Die Phase des Experiments: Hier setzt du dich der Gefahr aus, dich zu irren. Das Maß der Unsicherheit ist jetzt maximal, denn es fehlt das Geländer der Konventionen, an dem du dich sonst festhältst.

Der Preis, den du zahlen musst, um dein Leben zu bereichern oder zu verbessern, ist immer der gleiche. Es ist das Risiko, dich verletzlich zu machen und damit die Geschichte zu destabilisieren, die du dir über dich selbst erzählst. Dein Selbstbild ist gefährdet. Je größer die Lerngelegenheit, desto verletzlicher machst du dich.

Dieses Buch handelt vom Anders-Führen. Im Kern ist es aber gleichzeitig ein Plädoyer für den intelligenten Konventionsbruch und eine neue Freiheit. So wie das Dojo ist auch unsere Arbeit als Manager eine Miniaturversion des Lebens.

Egal ob es darum geht, wie du dein Unternehmen führst, mit deiner Gesundheit umgehst, Beziehungen pflegst, Geld investierst: Der Preis der Freiheit und des Fortschritts ist immer die Selbstverantwortung und die damit verbundenen Risiken.

Alles läuft auf eine Frage hinaus: Tust du das, was für dich Sinn und Verstand hat, notfalls auch gegen die Konventionen?

Diese Frage kannst nur du selbst beantworten. Und wenn ich dir für deine Antwort in diesem Buch einen Impuls mitgeben konnte, umso besser.

Dein Mark

Mark Poppenborg

Von Gütersloh an die englische Südküste, von der bürgerlichen Enge in die unternehmerische Freiheit.

Mark Poppenborg lebt und arbeitet unverschämt ungezwungen. Wenn er damit irritiert, macht ihm das nichts. Weil er Konventionen lieber mit Sinn und Verstand hinterfragt, als sie hinzunehmen.

Der Unternehmer ist Gründer von intrinsify – was als Bewegung gestartet ist, ist heute eine Unternehmensgruppe, bestehend aus einer Organisationsberatung, einer Akademie und einem Thinktank, die für Freiheit und sinnvolle Arbeit, statt sinnfreier Beschäftigung steht.

Mehr von Mark

Wenn du mehr dazu wissen willst, wie du anders führen kannst, wie du deine Organisation entwickeln und für mehr echte Arbeit statt sinnloser Beschäftigung sorgst, dann abonniere unseren intrinsify Newsletter unter intrinsify.de/news.

Mark kannst du auf den sozialen Netzwerken und auf YouTube folgen oder seine Website besuchen, auf der er dir zeigt, wie du Konventionen kritisch hinterfragen kannst, um ungezwungener und freier zu leben.

Ganz besonders empfehlen wir dir unsere intrinsify-Ausbildung „Future Leadership" – lerne Führungsprobleme zu lösen, die andere noch nicht mal verstehen.

Erscheinungsjahr 2021
1. Auflage
Copyright Mark Poppenborg
https://markpoppenborg.com

Umschlaggestaltung, Layout & Satz: booyaka.design
Verlag: Intrinsify
Fotos vom Autor: André Bakker
Fotocredits Vorsatzpapier: Alex Jabikov, Alexander Münch, Alexej Li, Beatrice Herrmann, Benjamin Klingebiel, Bernhard Haselbeck, Bernhardt Link/Farbtonwerk, Björn Seitz, Blende11 Fotografen, Carin Lange-Hahn, Christian Venosa, Christian Wilmes, Christoph Gorke, Daniel Mühlebach, Daniela Möllenhoff, David Heimerl, Dirk Wohlrabe, Elisabeth Meuser, Emanuel Sutterlüty, Emma Burns, Farideh Diehl, Foto Klier GmbH, Gerda Pfaff, Gesa Niessen, HdM Stuttgart, Heike Stachowiak, Holm Jellinek, Hr. Hartmann, Heraeus Holding GmbH, fotostudio-ludwig.de, Ilja Kagan, ITR Industry to Retail GmbH, Jan Felber, Jannes Frubel, Jo Teichmann Fotografie, Julia Hildebrand, Katharina Zimmer, Kersti Niglas, Kim Alena Schröder, Kurt Fuchs, kuehlhaus AG, Lydia Ott, Magdalena Hofmann, Manuela Beike-Schürrer, Marcel Kübler, Marcus Gloger, Martin Bockhacker, Martin Schäfer, Martin Schoberer, Max von Eicken, Melanie Stöhr, Michael Malorny, Michael Renner, mrp Studio, Mitschke, Natascha Zivadinovic, Nina Grützmacher Fotografie, Nino Halm, Opernfoto Hausleitner GmbH Graz, Patrick Meyer, Peter Riemer, Peter Riemer, Philipp Arnoldt, Photographie Yvonne Ploenes UG, PicturePeople GmbH & Co. KG, Rabea Dittmar, Raimund Verspohl, Renke Detering, Sandra Hullermann, Sebastian Hübner, Stefan Mayerhofer, Stefanie Kettenring, Steffen Kastner, Studioline Fotostudio Karlsruhe, studioline GmbH & Co. KG, studioline Hamburg 8 GmbH & Co.KG, Studioline Photography, studioline Photostudios GmbH, Sünderhuse Photographie, Sylvia Willax, Thomas Küppers, Tim von Stamm, Tobias Gerber, Tobias Kromke, Tobias Schwertmann, Ulrich Perrey, Uwe Klössing, Wilhelm Bauer, www.economy-business.de, Yasmina Aust

Druck: EuroPrintPartner GmbH & Co. KG
Printed in Germany
Produziert von: Gorus Media GmbH

ISBN: 978-3-947886-12-8